하루10분
생각습관
하브루타

아이가 똑똑해지는 유대인식 생각훈련

하루 10분 생각 습관 하브루타

초 판 1쇄 2018년 09월 18일

지은이 양미현
펴낸이 류종렬

펴낸곳 미다스북스
총 괄 명상완
에디터 이다경

등록 2001년 3월 21일 제2001-000040호
주소 서울시 마포구 양화로 133 서교타워 711호
전화 02) 322-7802~3
팩스 02) 6007-1845
블로그 http://blog.naver.com/midasbooks
이메일 midasbooks@hanmail.net
유튜브 https://www.youtube.com/channel/UCK3E7P9kvuNGb4dbqMqEfkw
페이스북 https://www.facebook.com/midasbooks425

ISBN 978-89-6637-604-9 13590

값 **15,000원**

미다스북스는 다음세대에게 필요한 지혜와 교양을 생각합니다.

아이가 똑똑해지는
유대인식 생각훈련

하루 10분
생각습관
하브루타

양미현 지음

미다스북스

프롤로그

아이의 생각을 행동으로 가져오라

하브루타를 실천하면 아이가 변한다

예전에는 공부를 잘하고 싶어도 '방법'을 몰랐다. 그러나 지금은 지식 정보의 홍수 시대로, 원한다면 자신에게 필요한 '방법'을 찾으면 된다. 사람들이 다이어트를 하고 싶어도 못하는 이유는 방법을 몰라서가 아니다. 습관을 들이지 못하기 때문이다. 이제는 습관의 시대. 이 책은 '읽는' 책이 아니라, 이 책이 필요 없을 때까지 '실천'하는 책이라고 말하고 싶다. 하브루타는 어떤 프로그램이 아니라 토론의 철학이다. 대화 순간순간 작동하는, 마치 우리 몸의 호흡처럼 질문과 대답을 주고받는 과정에 함께 하는 공기와 같은 것이다.

혹자는 "책 한 권으로 사람이 변하진 않는다."라고 말한다. 그렇다고 책을 많이 읽으면 삶이 다 변화되는 것도 아니다. 어떻게 읽고 어떻게 생각하느냐, 어떻게 실천하느냐가 중요하다. 한 번의 경험으로 생각이 바뀌는 수도 있다. 어떤 사람에 대해 나쁜 고정관념을 가지고 있었는데, 자신에게 건네는 뜻밖의 따뜻한 말 한마디나 행동으로 그 사람에 대해 가졌던 지금까지의 생각을 바꾸게 되는 수도 있다. '그런 사람이 아니었구나.' 하는 생각 또는 선생님의 한마디 칭찬에 몰랐던 능력을 개발하게도 된다. 나는 한 번 배운 토론의 방법으로 10여 년째 토론 동아리에서 책을 읽고 토론을 해오고 있다. 그러면서 내 삶이 변화하고 있다. 내가 전하는 이 토론의 방법으로 우리 반 아이들도 동료 선생님도 학부모도 서서히 변화로 이끌고 있다. 이 책 역시 누군가의 작은 실천을 부를 수도, 그 실천으로 변화될 수도 있다는 희망을 품는다.

하브루타 토론법이 우리의 교육현장을 휩쓸기 전부터 나는 여러 선생님과 독서 토론 동아리 활동을 하고 있었다. 그런데 우리가 하는 방법이 유대인들이 유구한 역사 동안 삶과 함께한 토론 방식과 맥락이 같다는 것을 알게 되었다. 어떤 주제나 사건에 대한 다양한 관점을 함께 나누며 생각의 폭과 깊이를 다져가는 대화, '남과 다름'을 인정하고 존중하는 대화의 자세, 대답보다 질문으로 생각을 이끌어가는 생각의 방식, 세수나 식사의 습관처럼 늘 생활 속에서 살아 움직이는 생각 습관, 그것을 우리가 하고 있던 것이었다. 이런 방식으로 토론하고 생각하는 힘으로 나는 세 권의 책을 쓰게 되었다. 이것도 하브루타 토론을 꾸준히 한 결과 나타난 변화이다.

가르치면서 배우는 생각 습관 하브루타!

나는 다양한 곳에서 독서와 토론에 대해 수업을 한다. 남들에게 가르치기 위해서가 아니다. 내 것으로 만들기 위해 나는 다른 사람에게 전하고 함께하는 것이다. 우리는 배워서 가르쳤다. 가르치기 위해서는 먼저 배워야 했다. '가르치기 위해 배운다.' 그러나 이제는 '배우기 위해 가르친다.'로 패러다임을 바꾸어야 한다. 진정으로 어떤 지식이든 기술이든 내 것으로 만들려면 누군가에게 설명하고 함께 해보아야 한다. 그러면서 내 것이 된다. 이 책을 읽는 선생님, 부모님은 생각한다.

'내가 뭘 알아야지. 책을 한 권 읽는다고 그게 내 것이 되나?'
'제대로 알고 배워서 아이들에게 가르쳐야지.'
'잘못 가르쳐주면 어떻게 하지?'

언제 우리는 제대로 알게 될 것인가? 걸음마를 알고 배웠던가? 밥을 처음부터 흘리지 않고 먹었던가? 자전거를 넘어지지 않고 배울 수 있었는가? 스키를 배울 때 자세를 잡은 다음 먼저 넘어지는 연습을 한다. 넘어지는 연습을 하는 것은 일어서기 위해서이다. 잘 일어설 수 있을 때 거침없이 넘어지며 두려움 없이 스키를 타게 된다. 함께 질문하고 대답하면서 가르치면서 배우게 되는 것이다. 첫걸음을 내디뎌야 한다.

지금도 다양하다는 것, 나와 다르다는 것이 답에 비추어 맞지 않는다는 의미의 '틀림'으로 인식되곤 한다. 하나의 정답 맞히기에 매달려온 긴 세월. 우리는 그렇게 배웠는데, 우리의 아이들은 '정답'이 무용지물인 시대를 살아가게 된다. 교육학자 존 듀이는 '오늘의 학생을 어제의 방식으로 가르친다면 우리는 그들의 내일을 빼앗는 것이다.'라고 했다. 유일한 정답만이 존재하는 시대를 답습하게 하면 안 된다.

4차 산업혁명의 미래는 급격한 변화의 시대, 지식이 아닌 지혜가 필요한 시대이다. 시시각각 변하는 시대에서 고정된 지식이 아닌 상황에 대처하는 역량이 필요하다. '남과 같아서는 남보다 뛰어날 수 없다.'라는 것은 남과 다른 '나만의 특별함, 다름'을 가지라는 의미이다. 이러한 남과 다른 '나'만의 특별함을 찾는 것도 질문에서 시작된다.

나는 어떤 것을 잘하는가?

나는 무엇을 할 때 즐거운가?

나는 왜 이것을 좋아하는가?

질문을 끊임없이 하면서 자신만의 것을 키워갈 수 있다. 하브루타는 이러한 질문을 생활 속에서 끊임없이 나누는 것이다.

이 책은 거푸집이다. 콘크리트가 굳고 나면 거푸집은 필요 없다. 이 책은 하브루타 토론 방법이 습관으로 정착되도록 하는 거푸집 역할이다. 우리가 실천을 안 하는 것은 몰라서가 아니라 습관이 되지 않아 잊고 안 하는 것이다. 이 책은 실천의 책이다. 곁에 두고 아이가 오기 전에 읽어 보라. 그러면 아이가 오자마자 질문하게 되는 실천력이 생긴다. 수시로 읽고 바로 적용하다 보면 어느새 아이와 부모, 선생님의 몸에, 언어에 질문과 토론 습관이 배어 있음을 스스로 발견하게 된다.

책을 내게 된 생각의 힘과 용기도 끊임없는 질문의 힘으로 만들어졌다. 어떻게 하면 쉽고 재미있는 토론 방법을 좀 더 많이 함께 나눌 수 있을까를 고민하며 책을 썼다.

꿈을 이루는 것은 간절함의 크기이다. 나의 전문성을 믿고 이끌어주고, 내 도전에 엔진을 달아준 '한국책쓰기1인창업코칭협회'의 김태광 대표 코치께 감사드린다. 책 쓰기를 함께 하며 자신의 전문성을 꿈으로 이어가며 서로 응원하는 회원들의 긍정적인 에너지에 감사드린다. 내가 잘된다고 남이 손해 보는 것이 아닌, 서로 다 잘되는 것이 모두에게 좋은, 행복한 삶을 함께 그려갈 수 있어 행복하다.

10년 넘도록 토론의 백미를 함께 느끼고 공유하며 생각의 힘을 키워온 독서 토론 모임 '아고라북' 회원들과, 어떻게 즐거운 수업을 할 수 있을까를 함께 고민해온 2학년 선생님들께도 고마움을 전한다.

삶의 가장 큰 버팀목은 가족이다. 일을 핑계로 자주 뵙지 못하지만 갈 때마다 건강을 챙기라고 걱정해주시는 어머니, 직장을 다니며 남은 시간들을 모아 밤새 책 쓰기 작업을 할 때 옆에서 원고를 함께 읽어주고, 새로운 아이디어를 주며 교정까지 돕고, 친구가 되어 응원해준 나의 딸 다솜이에게 고마움을 전한다. 멀리서 자주 엄마의 건강을 걱정하며 책 쓰기를 응원하고 작업 중 컴퓨터에 문제가 생기면 금방 정보를 찾아 해결해주는 아들 한결도 고맙다. 언제나 아내를 자랑스럽게 생각해주고 힘을 주는 남편에게 감사와 존경을 보낸다.

2018년 9월

위대한 변화를 꿈꾸는 작은 씨앗을 뿌리는 교사 양미현

목차

1장

왜 생각 습관 하브루타 해야 하는가?

2장

질문하고 토론하고 논쟁하는 아이로 키워라!

3장

아이의 자존감을 높여주는 하브루타 독서법

4장

똑똑한 아이 만드는 하루 10분 생각 습관 하브루타

5장

하브루타로 꿈 너머 꿈을 꾸게 하라

1장

왜 생각 습관 하브루타 해야 하는가?

01 왜 하브루타 생각 습관인가?

오늘의 학생을 어제의 방식으로 가르친다면
우리는 그들의 내일을 빼앗는 것이다.
– 존 듀이(미국의 교육학자)

새로운 아이디어는 협력을 통해서 탄생한다

부모들은 자녀에게 왜 공부하라고 하는가? 어느 부모 할 것 없이 왜 같은 목표를 외치며 명문대학교를 가라고 하는가? 어릴 때 나의 어머니는 "열심히 공부해라. 이 어미는 찢어지게 가난해서, 못 배워서 이렇게 사니까. 너는 공부해서 편하게 살아라."라고 말씀하셨다. 예전에는 그랬다. 열심히 공부해서 성취하는 좋은 학교와 좋은 직장은 좀 더 편하게 사는 방법을 제시해주었다. 그렇지만 공부를 하지 않아도 다른 일을 하며 살 수 있었다. 채소와 과일을 가꾸거나 팔고, 요리 자격증을 따고, 옷을 만들거나 판매하는 등, 무언가를 '키우고', '만드는' 다양한 수단으로 부를 창출할 수 있었다. 앨빈 토플러는 『부의 미래』에서 '부란 돈이 아니라 인간이 시대에 따라 갈망하고 원하는 것'이라고 했다. 부는 자원이다. 자원은 이 시대를 살아가는 데 필요한 수단과 도구들이며 시대에 따라 변해가고 있다. 땅과 노동력에서 기술로, 지식으로, 부가 되는 자원이 바뀌어가고 있다.

지금의 사회, 그리고 미래 사회를 일컬어, '지식과 정보의 사회'라고 표현한다. 지식과 정보가 폭발적으로 증가하고 있기 때문이다. 그보다 더 근본적인 의미는 부의 시스템, 삶의 시스템이 지식과 정보라는 뜻이다. 우리가 원하는 부를 얻는 도구가 서비스 하는 것을 비롯하여 무형의 생각하는 것thinking, 아는 것knowing, 경험하는 것experiencing을 기반으로 한다는 것이다. 인터넷을 통해 이루어지는 사업과 지식을 도구로 돈을 버는 사람들을 생각해보라. 삶의 근본적인 수단, 도구가 변하고 있다. 이렇게 삶을 지탱하는 그 수단이 변함에 따라 적응하기 위해서는 사고의 틀을 바꾸지 않으면 살아갈 수가 없다.

2016년에 초등학교에 입학하는 학생들의 약 65%는 지금은 전혀 존재하지 않는 직업에 종사하게 될 것이라고 세계경제포럼 「고용의 미래」 보고서는 밝히고 있다. 제4차 산업 혁명으로 인해 2020년까지 소프트웨어 신기술에 의한 210만 개의 새 일자리가 생겨날 것이라고 한다. 이와 같이 10년, 20년 후 어떤 기술이 중요해질 예상하기 어렵다. 미래학자 클

라우스 슈밥은 이렇게 변화하는 미래 사회에 필요한 역량을 '적응력'이라고 했다. 이러한 적응력을 가지기 위해 문제해결 능력을 키워야 한다고 했다. 다윈은 "강한 자가 살아남는 것이 아니라 살아남는 자가 강한 자이다."라고 했다. 살아남는 적응의 힘, 생물의 진화는 외부의 직접적인 영향에 의하여 변화하는 것이 아니라, 외부의 변화에 반응하는 내부의 힘에 좌우된다고 한다. 외부의 변화에 잘 적응하려면 변화한 상황을 해결하고 대처하는 내부의 능력을 키워야 한다.

하브루타란 무엇인가?

사회의 변화에 따라 교육의 방법도 달라져야 한다. 기존 방식인 체계화된 지식을 가르치고 지식을 주입하는 것으로 문제해결 능력은 생기지 않는다. 지식을 외우고, 그 외운 것을 기억하여 맞는 내용을 찾는 암기식, 주입식 방법은 한계인 시대가 온 것이다. 이제는 누구나 인터넷과 모바일 기기로 자신이 원하는 정보를 언제 어디서나 쉽게 찾을 수 있다. 정보와 지식은 넘쳐나고 어제의 정보가 오늘은 무용지물이 되는 시대가 되었다. 필요한 것은 내게 필요한 정보가 무엇인지 찾고 선택하는 능력과, 그것을 재구성하고 새로운 아이디어를 내는 일이다. 새로운 아이디어는 다른 사람들과 생각을 공유하고 다양한 관점에서 새로운 방법을 찾고 협력함을 통해서 이루어진다.

하브루타havruta란 '짝을 지어 질문하고 대화하며 토론하고 논쟁하는 것.'으로, 유대인의 공부법을 일컫는다. 전 세계에서 0.25%의 인구와 45위의 지능으로 전체 노벨 수상자의 30%를 차지하고, 하버드 재학생의 30%를 차지하는 유대인들의 저력을 만든 대화법이다. 유대인들은 뱃속에 있을 때부터 죽을 때까지 가정과 학교, 직장 등 모든 삶의 공간에서 『토라』와 『탈무드』를 깊이 읽고 토론한다. 하브루타는 '하베르'라는 말에서 나왔고, '짝'이라는 의미이며, 하브루타의 핵심은 '논쟁'이다. 이 논쟁의 시작은 '질문'이라고 할 수 있다. 친구, 부모님, 선생님 등 누구든 짝이 될 수 있으며, 서로 진지하게 질문하고 대답하며 대화를 이어갈 수 있다. 대화가 더 깊이 있게 진행되면 논쟁으로 이어진다. 하브루타 생각 습관은 끊임없이 의문을 가지고 질문으로 만들어 다른 사람과 대화하고 논쟁을 통해 새로운 생각을 만드는 방법이다.

왜 하브루타 생각 습관을 가져야 하는가?

첫 번째로 중요한 것은 '생각'이다. 이 생각이 어디서 나오는가? 질문이다. 질문을 통해 다양한 생각과 정보를 찾게 되고 질문을 통해 해결 방법을 찾을 수 있다.

우리가 날마다 사용하는 포스트잇도 3M사에서 일하던 아트 프라이Art Fry라는 사람의 불편함을 해결하려는 질문에 의해 완성되었다. 그는 교회의 성가대원으로 활동하면서 찬양을 부를 곡에 서표를 끼워놓곤 했는데, 이것이 빠지는 바람에 당황했던 적이 많았다. '악보 위에 무엇을 쓰지 않고 찬송가 책에 표시를 하는 방법은 없을까?' 하고 고민하고 있었다. 그 질문을 항시 생각하고 있었기에 다른 사람이 실패한 결과를 자신의 성공적인 해결책으로 쓰게 되었다. 당시 3M사의 연구원인 스펜서 실버가 한 번 붙이면 떨어지지 않는 강력 접착제를 개발하려 했으나 접착력이 약하고 끈적임이 없어 실패하게 되었다. 이것을 본 프라이는 '실버의 접착제를 사용하면 어떨까?' 하는 생각으로 실천에 옮겼다. 종이에 쉽게 붙였다 뗐다 할 수 있으면서 책도 손상되지 않을 것이라는 예상을 하고 좀 더 연구하여 적당한 접착력을 가진 지금의 포스트잇을 개발해내었다. 지금은 없으면 불편한, 획기적인 발명품을 만든 것이다. 지극히 평범한 질문인 '어떻게 하면 이 불편함을 해결할까?'를 통해서 말이다.

생각도 지속적인 습관으로 단련된다

둘째는 생각의 '습관'이다. 습관의 원칙은 동일성과 반복성이다. 같은 행동을 날마다 반복해야 한다는 것이다. 생각도 하나의 근육이다. 근육은 어떻게 만들어지는가? 한 번 할 때 오랜 시간 운동한다고 근육이 만들어지는 것은 아니다. 팔이든 허벅지든 한 부위의 운동을 몇 번 하는가? 한 가지 동작을 10회씩 3세트 혹은 5세트 한다. 시간은 10분 내외이다. 같은 동작을 날마다 해야 그 부위에 근육이 생긴다. 처음의 며칠은 아프지만 일주일에서 10여 일이 지나면 익숙해지게 된다. 생각도 지속적인 습관으로 단련되는 것이다.

초등학교 2학년 학생들과 책을 읽고 하브루타 수업을 했다. 처음에는 간단하게 '~는 무엇인가?'라는 식의 뜻을 묻는 질문이 많았지만, 차츰 주인공의 행동에 대해 원인을 묻는 등 다양한 생각을 나눌 수 있는 질문들로 바뀌는 모습을 볼 수 있었다. 전래 동화『효녀 심청』을 읽고 하브루타 독서 토론을 하면서 만든 질문들은 다음과 같다. 옆 반 선생님도 2학년이 이렇게 수준이 있는 질문을 할 수 있는지에 놀랐다. 수준 있는 질문은 어떤 것일까? 자신의 경험을 되돌아보게 하고 자신을 성찰할 수 있는, 깊이 있는 생각을 끌어내고 다양한 답을 이끌어오는 질문을 말한다.

  – 심봉사가 청이를 바다에 바치지 않고도 눈을 뜰 수 있는 다른 방법은 없었을까?
  – 심봉사는 왜 지키지도 못할 약속을 했을까?
  – 심청이는 아버지께 거짓말을 했을 때 어땠을까?
  – 심봉사는 왜 낮에 있던 일을 심청이한테만 털어놓았을까?
  – 심청이처럼 효녀가 되려면 어떻게 해야 할까?

셋째는 존중이다. 하브루타는 대상이 누구든 짝을 이루어 질문에 관해 대화하고 '논쟁'하는 것이다. '논쟁', 다른 말로 '토론' 하면 떠오르는 것이 무엇인지 많은 교사와 학부모 학생들에게 물어보았다. 거의 모든 사람이 '찬성과 반대!', '이겨야 한다.', '경쟁이다.' 이렇게 대답했다. 학교 대표들이 나온 '토론 대회'에 가봐도 어느 의견이 옳은지 그른지 보다는 서로 이기려고만 하는 모습을 보게 된다. 소위 '이기기 위해 이기려고' 하는 것이다. 이것은 진정한 논쟁이 아니다. 내 의견과 주장이 옳다면 상대의 의견과 주장도 옳은 것이다. 서로 존중하고 인정해주어야 하는데 그러한 기본 토론 소양이 갖추어져 있는 문화라고 하기는 어렵다. 하브루타의 기본은 존중이다. 상대가 말하는 동안 끼어들거나 자르는 일 없이 끝까지 경청한다. 이 바탕에는 서로의 생각을 존중하고 인정하는 태도가 전제되어야 하는 것이다. 찬성과 반대로 이기려고 하는 것이 아니라 자신이 아는 지식에 다른 정보들을 찾아서 근거를 대면서 생각의 다양함을 나누는 과정이 중요하다.

하브루타는 토론의 습관이다. 날마다 언제 어디서나 자주 생각하는 습관, 생각을 나누는 습관이다. 어쩌다 한두 번 하는 행사 같은 것이 아니라 날마다 밥 먹고 세수하듯, 날마다 가족과 친구와 선생님과 일상의 일이든 책을 읽고 한 가지 주제에 대해서 의구심을 질문으로 만들어 대화를 끊임없이 하는 하나의 토론 문화이다.

하루 하나씩의 관심거리를 찾아 새로운 아이디어를 메모지에 적으면 생각하는 습관이 길러집니다. 심봉사 같은 맹인이 시력을 찾아 새 세상을 볼 수 있는 방법에 관하여 이야기를 나누어볼까요? 가까운 사람들과 생각을 함께 공유하고 소통하면서 토론하는 즐거운 시간을 만들어봅시다.

02 어린 시절 하브루타가 가장 중요하다

세상에 태어난 아기는 누구나 가치가 있다.
– 찰스 디킨스(영국의 소설가)

"뭐 했지?"보다 "재미있었어?"라고 질문하라

'3살 버릇 여든까지 간다.'라는 속담은 3살까지 형성된 버릇은 고치기가 어려움을 강조하고 있다. 그만큼 3살까지의 습관이 중요함을 말해준다. 자녀를 키우는 부모, 특히 워킹맘에게 부담스러운 말은 이런 말이다.

"3살까지는 엄마가 키워야 한다."

"3살까지 형성되는 것이 평생 간다."

"최소한 3살까지는 양육자를 바꾸지 마라."

그 이유는 3살까지가 아이의 지능과 정의적인 능력 대부분이 형성되는 뇌의 가소성이 높은 시기이기 때문이다.

기억에 관한 권위자 로빈 피버쉬 박사는 장기간에 거쳐 아동기의 기억을 정확히 떠올리는 성인들을 대상으로 한 연구에서 부모의 역할을 강조했다. 그는 말했다.

　"우리의 기억은 우리가 어떤 사람인지를 알게 합니다. '우리가 무엇을 기억하느냐' 그리고 '그것을 어떻게 이야기하느냐'가 내가 누구이고 세상이 어떻게 움직이는지 말해주죠. 이러한 기억들은 시간이 지나면서 개인의 정체성을 형성하고 과거를 기억하며 미래로 나아갈 수 있게 합니다."

　그는 어린 시절의 생생한 기억이 성인이 된 후 특별한 행동을 하게 한다는 사실을 발견했다. 가령, 허리케인으로부터 살아남았던 사람은 그 기억을 통해 자신을 더 강하게 만들고, 키우던 강아지가 차에 치었던 기억을 갖고 있던 사람은 외출할 때 항상 끈으로 애완견을 보호했다고 했다. 또 어떤 사람은 아버지가 책을 읽어주셨던 어린 시절의 기억이 가족 간에 유대감을 강하게 갖도록 해주는 계기가 되었다고 한다. 이렇게 어린 시절을 기억하는 것은 매우 중요하다. 그는 3살까지의 초기 기억을 잘 기억하는 방법으로 사진을 찍고 소셜 미디어로 기록하는 것도 좋지만, 가족이 함께 그들의 경험을 이야기하는 게 중요하다고 대화의 중요성을 강조했다. 즉 아이와 부모가 함께 경험에 대해 대화하는 것이 중요하다는 것이다. 이 대화법에서 예를 들어 부모는 "우리가 오늘 공원에서 뭐

했지? 기억나니?"라고 묻기보다는 "공원에서 뭐가 가장 재미있었어?", "누구랑 노는 게 재미있었어?"라고 질문함으로써 아이가 스스로 많은 정보를 말하도록 유도해야 한다고 했다.

얼마 전, 또래에 비해 월등하게 말을 잘하고 완전한 문장을 구사하는 3살인 아이를 취재한 영상을 보았다. 그 어머니는 평소에 다양한 어휘를 사용하여 이야기해주었다. 그리고 질문을 할 때 구체적이고 섬세하게 하여 아이가 질문 내용에 대해 풍부한 생각을 할 수 있게 하는 것을 보았다. 중요한 것은 이와 같은 양육자의 태도이다. 아이의 표현력에 의도성과 관심을 두고 대화해야 한다는 것이다. 아이가 어렸을 때는 무궁무진하게 질문한다. "이게 뭐예요?", "저건 왜 연기가 나요?", "이건 왜 빨간색이에요?" 등 끝없는 호기심으로 묻는다. 이런 질문에 부모는 처음에는 잘 대답하다가 차츰 짜증을 내거나 화제를 다른 쪽으로 돌리기도 하며 상황을 모면한다. 대답해주더라도 "붓이야.", "불에 타서 그런 거야.", "네가 더 크면 알게 돼." 등으로 간단하게 대답한다. 그래서 아이들은 자라면서 부정적인 결과가 온다는 것을 알고 입을 닫는다. 세상에 대한 호기심이 점점 사라지고 입은 닫고 단지 들을 뿐이다.

우리가 잘못 이해하고 있는 것은 아이가 하는 질문들에 대답해야 한다고 생각하는 것이다. 질문에 바로 답을 하면 아이에게 생각해볼 시간을 빼앗는 것과도 같다. "이게 뭐예요?"라는 물음에 "응, 그건 컵이야." 하는 대답으로는 호기심은 끝이다. 또 다른 것을 묻는다. 끝없이 묻고 그에 대해 끝없이 대답을 하다 보면 인내의 한계가 온다. 이럴 땐, "그게 뭘까?" 하고 질문을 되물어줄 수도 있고, 어떻게 하면 그 질문에 대한 답을 알 수 있을지 함께 찾아볼 수도 있다. 부모와 계속해서 질문과 대답을 이어가면서 아이가 스스로 답을 찾아낼 수 있다. 아이가 어릴 때 질문하는 공부가 중요한 이유가 여기에 있다. 질문에 답을 찾아가는 무궁무진한 생각들 속에서 아이들의 뇌는 자란다. 어린 아이가 질문하게 하려면 부모의 태도가 중요하다.

어릴 때의 하브루타가 중요한 것은 인격 형성의 시기이기 때문이다

초등학생 대상으로 방과 후에 리더십 수업을 했을 때의 일이다. 5~6 교시의 수업을 마치고 오면 아이들은 지쳐 있을 시간이다. 1~2학년 저학년도 있다. 그런데 수업을 하면 모두 생기 있고 에너지가 넘친다. 그것이 궁금했다. 아이들이 오후라 집중력도 떨어지고 흐트러질 법한 시간인데 다들 물어보면 재미있다고 했다. 무엇이 재미있을까? 그 수업은 계속 묻는다.

"너는 어떻게 했니?"
"지난번 했을 때와 지금 했을 때 달라진 점은 뭐야?"

어린 시절의 경험은 오래 기억되어 평생의 삶에 영향을 끼친다.

"다른 친구들은 이 대답에 어떻게 생각해?"

끊임없는 질문과 대답을 하고 친구들과 생각을 나누고 그 생각에 대해 피드백을 한다. 아이들이 계속 자기의 이야기를 하고 질문하고 대답하는 자체를 재미있어 한다는 것이다. 아이들은 "친구들과 이야기하는 것이 재미있다.", "다른 친구들과 생각을 나누는 것이 좋다."라고 했다.

어린 시절의 경험은 오래 기억되어 평생의 삶에 영향을 끼친다. 그래서 그 나이에 다양한 경험을 하게 하고 모든 것을 느끼게 하는 것이 중요한 것이다. '3살까지 먹었던 음식에 대한 취향이 평생 간다.'라는 말도 있다. 그래서 다양한 음식을 다 먹는 기회를 주어야 한다고 하기도 한다. 3살 버릇의 의미도 어릴 때 한 번 형성된 습관의 고착성에 대한 중요성을 의미한다. 어릴 때의 하브루타가 중요한 것은 인격 형성의 시기이기 때문이기도 하다. 질문하고 대답하는 일은 태도나 예절과도 관계가 있다. 언어학자인 제임스 L.피델로츠는 "누군가 질문하는 것은 대답을 구하는 것이므로 거기 협조해야 한다."라고 하면서, 아이는 언어를 습득하면서 언어의 사용 규칙도 함께 습득한다고 했다. 질문했으면 대답을 듣기 위해 경청해야 하고, 집중해야 한다. 또한, 이야기 중간에 끼어들지도 말아야 한다. 이런 습관은 지속적인 대화 속에서 배우게 된다. 하브루타의 중요성은 누적하여 쌓아가는 습관적 대화 방법의 실천이다. 미래 사회에서의 지적은 역량보다 사회 관계 역량이 더 요구된다. 아이디어를 나누고 여러 사람과의 상호 작용을 원만하게 맺고 살아갈 수 있는 역량을 갖추는 것은 어린 시절의 하브루타를 통해 습득된다. 따라서 매주, 또는 주 2회라도 아이와 일상의 일이든, 책 이야기든 서로 존중하는 태도로 대화하는 일이 중요하다.

하루에 하나, 실천 하브루타

아이들에게 질문할 때 구체적으로 물어주세요. 확산적인 대답으로 다양하게 말할 수 있게 질문하면 아이들도 대답이 쉽습니다.

"오늘 학교에서 어땠어?", "오늘 학교에서 뭐했어?"보다는 "오늘 학교에서 가장 재미있었던 것은 뭐였니?", "오늘 급식에서 제일 네 맘에 들었던 메뉴는 어떤 것이었니?"라고 물어주세요. 책을 읽고 나서도 "어떤 내용이야?", "줄거리가 뭐야?"보다 "주인공이 어떻게 되었어?"라고 질문해주세요.

03 우리 아이의 특별한 생각을 끌어내라

존재하는 모든 훌륭한 것은 독창력의 열매다.
– 존 스튜어트 밀(영국의 철학자)

나쁜 질문은 없다. 여러 방식의 질문이 있을 뿐!

앞집에서 피아노를 샀다. 그래서 어머니는 이렇게 말한다. "우리도 피아노가 있어야겠네. 너도 피아노 배워보자." 서양의 부모는 이렇게 말한다고 한다. "앞집에 아이는 피아노를 배우나 봐. 피아노를 샀다는구나. 너는 바이올린을 배워보는 건 어때? 관심 있는 악기가 있니?"

자녀의 친구가 영어 학원에 다닌다는 것을 안 엄마는 이렇게 말한다. "너도 영어 학원에 다녀야 하지 않겠니? 너만 안 다니면 어떻게 경쟁에서 이기겠니?" 남들이 다니는 영어, 수학, 음악 학원에 다니며 다른 아이가 배우는 것을 따라 배우고 뭐든지 같이 하면서 어떻게 아이가 남과는 다른 창의적인 아이가 되기를 바라는가? 마치 다른 집에서 콩 나무를 심으니 따라 콩 나무를 심어놓고 딸기가 나기를 바라는 것과 같다. '특별하다.'는 것은 보통과 구별되게 '다르다.'는 뜻이다. 이미 우리의 아이들은 생김새부터 생각과 마음이 다른 존재들이다. 이미 특별한 아이들을 같은 체제와 같은 경험으로 같은 생각을 하도록 짜인 '틀'에 가두어놓고 특별함을 요구하고 있다. 남과는 다른 생각을 하도록 하려면 어떻게 해야 할까?

내 아이가 어렸을 때, 나는 맞벌이 부모였기 때문에 직장에서 늦도록 일이 생기면 동료끼리 아이들을 교대로 서로 돌봐주면서 지냈다. 내가 퇴근 후 동료 아이를 집에서 돌봐줄 때의 일이다. 교육적으로 함께 놀이하며 지내려고 어떤 모양에 이름을 붙이는 놀이를 했다. 동료의 아이 민지는 시계나 책상 등에 '쿤다무리구', '에피토리차' 등 세상에 없는 이름을 붙이는 것이었다. 반면 내 아이는 '사랑이', '별님이' 등으로 이미 있는 명칭을 붙이는 것이었다. 수도꼭지에서 무언가 나오고 있는데 상상해서 그려보는 활동에서도 민지는 형체를 도저히 알아맞힐 수 없는 모양을 그리는 반면, 내 아이는 사탕, 인형 등을 그렸다. 나는 '내 아이는 왜 이리 틀에 박힌 생각을 할까?' 하고 속이 상했다. 민지는 어떻게 키웠기에 저렇게 창의성이 무궁무진한지 궁금했다.

곰곰이 나와 동료의 양육 태도를 살펴보았다. 동료인 민지 어머니는 아이를 자유분방하게 키우는 편이었다. 그래서 때로는 버릇이 없는 경우도 있었다. 반면 나는 규율을 잘 지키게 키웠던 것 같다. 그런 교육 방식 속에서 아이는 자기도 모르게 생각이 틀에 박혀 있었던 것이다. 내가 그렇게 길들인 것이다. 그래서 어떻게 하면 바꿀 수 있을지에 대해 생각하고 여러 서적도 찾아보면서 아이에게 자율성을 갖도록 판단이나 결정을 미루었다. 어떤 문제 상황이 생기면 스스로 해결하도록 가만히 지켜보고 때로는 모른 척 내버려두었다. 그랬더니 서서히 자기만의 방법으로 해결하는 것이었다. 예를 들면 물컵을 깨었을 때도 예전 같으면 "조심했어야지."라든지 "안 다쳤니?"라고 했으면, 다른 일을 하면서 모른 척 두니 처음에는 난감해하고 안절부절못하더니 알아서 닦고 치우고 하는 것이었다.

아이들은 생긴 모습이 다른 것처럼 생각도 천차만별 다양하다. 그것을 그대로 표현하도록 허용적이고 수용하는 태도가 매우 중요하다. 하브루타로 이야기하는 것도 마찬가지다. 공부할 때도 주어진 문제를 풀도록 하는 것이 아니라 문제를 스스로 만들도록 하면 저절로 생각하는 힘이 생기게 된다. 문제는 곧 질문이다. 부모는 자신이 가진 생각의 틀에서 벗어난 질문을 아이가 하면, "어째서 그런 질문을 하니?"라는 식의 지적이나 부정적인 평을 한다. 그렇게 되면 다음부터는 자신의 질문에 자신이 없어 이야기하지 않을 것이다. "난 생각하지도 못한 질문이네." 그 한 마디면 아이들은 자신감을 갖고 무슨 질문이든 할 용기가 생기는 것이다.

2학년 아이들과 『흥부전』으로 토론할 때의 일이다. 아이들이 질문을 만들고 그 질문들을 칠판에 붙이면서 다양한 질문에 대해 알아보고 핵심 질문을 찾는 활동을 했다. 그때, 한 아이가 질문 카드에 '흥부는 몇 명의 아이를 낳았을까?'라고 적어서 들고 나왔다. 질문을 본 순간 어이가 없었다. 몇 명이라니? 단답식으로 몇 명을 알면 그것이 토론에 적합한 질문일까? 교육 경력이 얼마 안 되는 교사였다면 "이게 질문이니? 친구들이 여러 가지 생각을 말할 수 있는 질문이니?"라고 야단을 치거나 다시 질문을 생각해보라고 했을지도 모른다. 그러나 그렇게 하지 않고 아이에게 물어보았다.

교사 : 흥부가 아이를 몇 명이나 낳았는지가 왜 궁금했니?

아이 : 얼마나 많이 낳았는지 궁금해서요.

교사 : 흥부가 아이를 얼마나 많이 낳았는지가 이 이야기와 어떤 관계가 있을까?

아이 : 음, 흥부가 아이들을 제대로 먹이고 키우지도 못하는데 왜 그렇게 많이 낳았는지 궁금해서요.

교사 : 아, 흥부가 아이들을 잘 키우지도 못하면서 왜 그렇게 아이들을 많이 낳았는지가 궁금했니?

아이 : 네. 자기 형편을 생각해야 하는데…….

계속해서 대화를 나누면서 아이는 흥부가 아버지의 책임을 다하지 못하고 있는 것에 대해 궁금해하는 것을 알게 되었다. 끊임없는 질문과 대화를 통해 나는 아이가 가진 생각을 알 수 있었고 섣불리 내 얕은 생각과 판단으로 아이의 질문에 대해 탓했다면 어떻게 되었을까 아찔하기도 했다. 아이는 어른들보다 더 넓고 깊은 생각들을 하고 있다. 단편적으로 나타난 질문이나 대답에 성급하게 판단하면 안 된다. 이렇게 하브루타를 통해 대화하면 질문 이면의 그 아이만의 깊은 생각들을 알 수 있다.

이 세상에 나쁜 질문은 없다. 다만 여러 방식의 질문이 있을 뿐이다. 이와 같이 가정에서 일상적인 일에 대해서 또는 독서 후에도 다양한 질문을 만들게 하고, 그 질문에 꼬리에 꼬리를 물고 대화를 이어나가면 아이만의 특별하고 창의적인 생각을 키워나갈 수 있다.

왜 우리 아이는 다른 아이처럼 되지 않지?

내 아이를 특별한 아이로 만드는 데 장애가 되는 것은 무엇일까? 하브루타 토론에 대한 연수를 다년간 해오면서 알게 된 것은 그 장애는 부모, 그것도 가장 가까운 어머니인 경우가 많았다. 그러나 어머니에게 잘못이 있는 것은 아니다. 어머니의 시대가 받아온 교육이 그랬기 때문이다. 남과 똑같은 정보로 남과 같은 대답을 하고, 한 가지 정답만 외우고……. 자기 자녀가 다른 아이와는 다른 의문을 갖고, 다른 질문을 하는데 어머니 혹은 교사는 "왜 너만 그런 생각을 하니?" 혹은 "쓸데없는 생각만 한다."라는 시각으로 보는 경우가 많다.

얼마 전 학부모 대상의 하브루타 독서 토론 연수에서 한 어머니가 "아이가 질문하는 것들에 대해 '왜 자꾸 이해 못하고 물어보니?' 하며 엉뚱한 걸 물어보면 야단을 쳤는데 아이에게 미안하다."라고 고백을 했다. 아이는 제대로 생각하고 질문하며 잘하고 있는데 부모가 몰라서 상처를 준 것 같다는 것이다. 내 아이를 특별하게 만드는 것은 있는 모습과 생각 그대로 인정하고 존중하는 부모의 태도이다. 우리는 오래전부터 남과 비교하여 경쟁하는 교육, 아이가 가야 하는 길, 해야 하는 목표를 정해놓고 그 길로 아이들을 이끌어왔다. 장미는 장미의 특별함이 있듯이, 민들레는 민들레의 특별함, 고무나무나 아이비는 그 초록 잎으로서의 특별함이 있다. 존재 그 자체가 목적이다. 우리는 고무나무에게 "왜 고무나무는 장미처럼 꽃이 안 피지?" 하고 탓하지는 않는다. 그런데 그 나무나 꽃보다 더 특별하고 다양한 아이들에게 우리는 "왜 너는 다른 아이처럼 ~ 하지 않지?"라고 같아지기를 강요해왔을까?

내 아이에게 남의 아이와 같이 또는 남의 아이보다 더 잘 "〜해야 한다."
라고 생각하는 것은 무엇이 있는지 생각해보는 것도 필요해요.

'피아노를 〇〇번부터 〇〇번까지 배워야 한다.'
'문장 받아쓰기를 잘해야 한다.'
'넌 왜 다른 아이들처럼 책을 안 읽니?'

이 책을 읽은 후 아이가 귀가하여 오면 특별하게 맞이해봅시다. 어떤 말
을 해도 "잘하고 있네." 진정으로 인정해주는 마음. 차이를 인정하는 것
이 내 아이를 존중하고 인정하는 일입니다.

04 다르게 생각하는 아이로 키워라

> 그 누구도 아닌 자기 걸음을 걸어라. 나는 독특하다는 것을 믿어라.
> 누구나 몰려가는 줄에 설 필요는 없다. 자신만의 걸음으로 자기 길을 가라.
> 바보 같은 사람들이 무어라 비웃든 간에.
> – 월트 휘트먼(미국의 시인)

창의적인 1%의 영감도 생각의 습관에서 나온다

중국에서 신입사원을 모집하는 시험에 재미있는 미션이 있었다. 문제는 '스님에게 빗을 팔아 오시오.'였다. 대부분의 지원자는 머리카락이 없는 스님에게 빗을 팔 수 없다는 생각에 포기하고 세 사람만 시험에 응했다. 첫 번째 응시자는 1개를 팔았다. 머리를 긁고 앉아 있는 스님을 보고 빗으로 긁어보라고 내밀었다. 스님은 시원하다고 1개를 샀다. 두 번째 응시자는 절에 가서 참배객들이 불공드리기 전에 손으로 머리를 가다듬는 것을 보고 스님에게 참배객들을 위해 빗을 비치하면 좋겠다고 제안하여 10개를 팔았다. 세 번째 응시자는 10,000개를 팔았다. 그는 주지 스님에게 '공덕을 쌓는 빗'이라는 뜻을 가진 글자를 빗에 적어 참배객들이 머리

빗고 난 후 기념품으로 주면 어떻겠냐고 제안했다. 스님은 그 제안을 받아들였는데 반응이 너무 좋아 계속 주문을 하여 그만큼 많이 팔았다는 것이다. 빗이라고 왜 당사자가 사용해야만 한다고 생각할까? 생각을 바꾸면, 다른 세상이 보인다.

우리는 창의성에 대해 잘못된 선입견을 갖고 있다. 창의성은 천재적인 요소라고 생각한다. 그러나 창의적인 생각은 순간의 천재적인 발상에서가 아니라 생각의 노동에서 나온다. '천재는 1%의 영감과 99%의 노력으로 이루어진다.'라는 말도 새로운 생각을 했으면 끊임없이 노력한다는 것을 암시하고 있다. 또한, 그 창의적인 1%의 영감도 지속적인 새로운 생각의 습관에서 나오는 아이디어이다. 창의적이라는 것은 세상에 없는 '무無'에서 '유有'가 나오는 것이 아니다. 기존에 있는 것에 대한 새로운 발상과 새로운 해석, 재구성된 새로운 창조물을 말한다. 생활 속의 기발한 제품들을 생각해보면 그 시작은 아주 실오라기 같은 불편함에 대한 질문 한 가닥이다.

"이것을 해결할 방법은 없나?"
"어떻게 하면 이 불편함을 해결할 수 있을까?"

'다르게 생각하는 것'과 '새로움을 추구하는 것'은 별개가 아니다. 기존의 관습을 다르게 생각하면 반드시 새로움을 추구하게 된다.

내 아이를 다르게 키우고 싶다면 의문을 갖는 습관을 갖도록 하자.
오늘 하루 생활하면서 궁금한 것이 무엇이 있었는지
식탁에서 질문해보고
가족이 같이 기록해두는 것도 좋은 습관이다.

날개 없는 선풍기를 개발한 다이슨 회사는 '선풍기에 날개가 없으면 안 될까?'라는 생각이 혁신적인 제품의 탄생을 가져왔다. 이와 같이 창의성이란 천재성이나 섬광 같은 아이디어가 아니라 '남과 다른 생각'이다. 남과 다른 생각을 하기 위해서는 누구나 생각하는 방식을 벗어나고 의심해보고 나만의 답을 만들어야 한다. 남과 다른 일을 하는 것이 아니라 다른 생각을 하라는 것이다. 소설가 베르나르 베르베르는 글의 좋은 소재를 찾기 위해 "뭐든지 관심을 두고 집요하게 관찰한다."라고 말했다. "풍부하고 다양한 호기심은 타고나는 것이지만, 그 이후에는 끊임없이 정보와 지식을 습득하는 노력이 필요합니다. 나는 날마다 배웁니다. 뭔가 새로운 것을 얻지 않은 날에는 '시간을 잃어버렸다.'고 여깁니다."라고 말했다. 다르게 생각하는 것도 습관이다. 새로운 아이디어도 습관이다.

내 아이를 다르게 키우고 싶다면 의문을 갖는 습관을 갖도록 하자. 오늘 하루 생활하면서 궁금한 것이 무엇이 있었는지 식탁에서 질문해보고 가족이 같이 기록해두는 것도 좋은 습관이다. 궁금한 것이 없다면, 새로웠던 일에 대해 이야기해보는 것이다. 친구의 행동, 부모의 행동에 대한 의문을 나누어보는 것이다.

"오늘 친구 민석이가 왜 그랬을까?"
"그 의자는 어제까지 멀쩡했는데 왜 갑자기 한 쪽이 무너졌을까?"

"선생님께서 이런 숙제를 낸 목적은 무엇일까?"

이런 대화를 하려면 존중하는 태도를 보여야 한다. 학부모 대상 연수를 마치고 나서 지금까지 아이가 말이 많다고 질책하고, 자꾸 엉뚱한 말을 한다고 주의를 시켰다고 자신을 질책하는 어머니를 만났다. 우리가 생활 속에서 흔하게 하게 되고, 보는 모습이다. 이러한 이유는 어리다고 무시해서였다. 때로는 부모가 좋은 책을 많이 읽어야 하는데 한 권을 가지고 계속 읽는다고 나무라기도 한다.

아이의 모습과 생각을 그대로 존중하자

인간이 의도적으로 만든 사물은 목적이 있다. 예를 들어 의자는 편안해야 하며, 장소와 목적에 따라 그 기능도 달라지며, 학습용인지 휴식용인지 의도한 목적에 맞게 설계되고 사용되어야 가치가 있다. 반면 나무는 존재 자체가 목적이며 무엇이 될 필요가 없다. 나무가 되어야 할 목적이 있는 것이 아니며, 나무라고 다 꽃을 피워야 하거나 열매가 있어야 하는 것도 아니다. 꽃이나 향기보다는 열매에 가치가 있는 나무, 열매보다 꽃에 더 가치가 있거나, 꽃과 열매가 애초부터 없으나 사철 푸른 속성이 있는 나무도 있다. 혹은 장미와 호박꽃을 논할 때, 호박꽃이 가시가 있어야 할 필요가 없고, 장미가 열매가 있어야 할 필요가 없다. 원래 호박은 가시가 없고, 꽃보다 열매에 더 가치가 있고, 장미는 열매가 없고 향기가 짙다. 장미가 열매 맺지 못한다고 해서 꽃으로서의 가치가 떨어지는 것도 아니며 요구하지도 않는다. 의자가 '~해야 한다do'는 의미를 갖는 데 반하여, 나무 혹은 꽃은 존재 자체가 목적이라고 할 수 있다. 우리의 아이는 의자와 같은 존재인가? 나무와 같은 존재인가?

대부분 부모들은 자녀가 의자처럼 그렇게 '~해야 한다.'고 출발점을 두고 있다. 글씨를 잘 써야 하고, 공부를 1등 해야 하고, 반장을 해야 하고, 좋은 대학에 들어가야 하고……. 그것을 바라는 것이 잘못이 아니라 자녀가 열매에 더 가치가 있는 나무인지, 향기와 자태로 사람을 감동시키는 장미인지, 수수하지만 늘 푸른 소나무인지, 꽃보다는 맛있는 열매를 맺는 데에 더 많은 가치를 두는 나무인지 제대로 알고 인정하는 자세가 필요하다고 할 수 있다. 내 아이는 어떠해야 하는가? 우리는 아이의 모습을 정해놓고 그 길로 이끌어가려고 한다. 중요한 것은 현재 아이가 생각하고 느끼는 시간이다. 아이의 모습과 생각을 그대로 존중하고 현재를 존중하자. 그것이 내 아이가 다르게 자라는 길이다.

아이가 남과 다른 점을 A4 종이에 적어봅시다. 생각하는 것과 글로 적는 것은 많은 차이가 있답니다. 평가와 판단이 없는 사실적인 관찰로서 20~30가지 적어볼까요? 그리고 그 다른 점이 장점이 되는 경우를 옆에 적어보면 생각보다 내 아이는 멋진 점을 많이 가졌어요. 부모 자신에 대해서도 이런 기록을 해보는 것은 의미가 있답니다. 가족이 모두 자기 것도 하고 짝을 정해 부모와 서로 적어주기를 해도 좋아요. 모든 것은 장점이 될 수도 있고 단점이 될 수도 있습니다. 어떻게 생각하느냐가 중요합니다.

성격이 급하다. → 준비를 빨리 끝낸다.
인사를 자주 한다. → 예의가 바르다.
말을 잘 안 한다. → 남의 말을 주의 깊게 듣고 생각한다.

05 하브루타 배움은 놀이에서 시작된다

놀이는 우리의 뇌가 가장 좋아하는 배움의 방식이다.
– 다이앤 애커먼(미국의 시인)

배움은 가르침이 아니라 아이 자신의 체험에서 일어난다

사람이 어떤 일을 하게 되는 동기에서 중요한 것은 재미이다. 아무리 중요하고 필요한 것이라도 재미가 있어야 한다. 아이들이 왜 컴퓨터나 스마트폰의 게임에 열광하는가? 그것은 재미있기 때문이다. 또 결과가 바로바로 나오기 때문이다. 만약 공부도 게임이나 놀이처럼 재미있다면 아이들은 자발적으로 몰입하고 스스로 잘하려고 노력하게 된다. 20여 년 전 컴퓨터 교육이 초등학교 정규 교과로 도입되면서 자녀를 저학년 때부터 컴퓨터 학원에 보내는 학부모가 많았다. 너무 모르면 아이가 뒤처지고 스트레스 받을 것을 염려했기 때문일 것이다. 영어 교과의 도입 때도 마찬가지다. 유치원부터 비싼 사교육을 받게 하는 것이 다반사였다. 자

배움은 일방적인 가르침에서 오는 것이 아니라
아이 자신의 체험에서 일어난다.
배움은 결과가 아니고 과정이어야 한다.
그런 점에서 놀이는 결과가 아니고 과정의 즐거움이다.

녀가 관심이 있는지 없는지, 좋아하는지 아닌지는 문제가 되지 않는다. 오로지 가르치는 일에 관심을 가졌다. 자기 자녀가 남들보다 뒤처지는 것을 견디지 못한다는 것이 맞는 말이다.

　한 계절에 피는 꽃도 피는 시기가 다르고, 같은 꽃도 가지마다 피는 시기가 다르다. 왜 아이들은 각자 자라는 환경과 아이의 성장과 특성이 다른데 동시에 같은 실력을 갖추어야 하고 모두 같아야만 하는가? 이에 비해 유대인들은 부모가 무엇인가를 제시하고 안내하기보다는 아이가 궁금함을 보이고 호기심을 가질 때까지 기다리는 태도를 보여준다. 아이 스스로 발견하고 탐구하여 수긍할 수 있을 때까지 함께 고민하고 질문과 대답을 이어간다. 배움은 일방적인 가르침에서 오는 것이 아니라 아이 자신의 체험에서 일어난다. 배움은 결과가 아니고 과정이어야 한다. 그런 점에서 놀이는 결과가 아니고 과정의 즐거움이다. 하브루타도 결과가 아니라 질문과 대답의 과정이다. 하브루타로 대화한다고 어떤 거창한 주제를 주거나 갑자기 책을 읽거나 하는 것이 아니라 생활 속의 놀이로 이해하고 실천해야 한다.

　아이가 어릴 때 영화를 보러 가면 특히 아이 수준의 만화 영화이면 형제나 친구들끼리 보게 하고 부모는 다른 일을 본다. 아이들이 놀러 와도 장난감을 주고 함께 놀게 하고 부모는 관찰자로 있거나 다른 일을 한다.

놀이는 관계이고 소통이다. 부모가 같이 놀이에 참여하여야 관계를 맺게 되고 소통하며 친밀감을 갖게 된다. 하브루타는 혼자 질문에 답하는 것이 아니라 주제에 대한 질문에 서로의 생각을 나누는 것이다. 상대가 말하는 동안 잘 경청하고 그에 대해 궁금한 것을 질문하거나 자신의 생각을 이야기한다. 마치 끝말잇기 놀이처럼 꼬리에 꼬리를 무는 질문으로 생각을 나누는 것이다. 자연스러운 놀이를 통해 관계 맺기가 되고 배움이 일어나는 것이다. 몇 년 전 2학년 아이들에게 가족 하브루타 토론 놀이를 해보자고 안내한 적이 있다. 그리고 함께 참여한 부모의 소감을 적어달라고 부탁을 했다. 한 어머니는 "아이가 자기 생각을 이야기하는데 내가 자꾸 끼어들어 마음에 안 드는 부분을 고쳐주려고 하는 모습을 발견하게 되더라."라고 반성했다. 다른 부모는 "아이들이 어떤 생각을 하고 지내는지 잘 모르는데 이야기를 통해 토론하니 가까워지고 참 좋았다." 라고 했다. 아이의 의견을 존중하는 태도가 없으면 대화가 이어지지 않는다.

놀이도 토론도 아이가 주체다!

놀이는 자연스럽게 상호 간의 친밀감을 갖게 하고 그 속에서 신뢰가 쌓인다. 5학년과 사회 수업을 하면서 일방적인 가르침, 주입식의 교육이 아니라 배워야 할 내용에 대해 안내하고 모둠끼리 해결해보라고 했다. 아이들은 교과서를 읽어보고 알아야 할 것을 질문으로 만들고 자료를 찾아보기도 했다. 그리고 궁금한 것을 퀴즈로 만들도록 하고 그것을 다른 모둠이 맞히면 점수가 되도록 했다. 아이들은 퀴즈에서 점수를 따기 위해 미리 다른 모둠이 낼 법한 문제에 대해 예측하고 같은 모둠원끼리 문제를 내고 알아맞히기도 했다. 얼마의 시간이 지난 후 퀴즈 대회를 하고 승부를 낸 다음, 정말로 아이들이 잘 이해했는지 평가를 해보았다. 신기하게도 대부분의 아이는 문제의 80%를 넘게 다 맞았다. 아이들도 퍽 재미있어하고 신기해했다. "선생님, 재미있게 논 것 같은데 다 맞았어요!" 하고 즐거워했다. 필요한 지식을 알아가는 일을 교사가 일방적으로 가르쳐주거나 주입식으로 공부했다면 지루해하고 집중도 하지 않았을 것이다. 한자 공부를 할 때에도 스스로 한자에 대해 재미있는 이야기를 만들어 익히도록 하니 게임처럼 재미있어했다.

하브루타의 배움은 일방적인 '가르침'이 아니다. '배움'은 학습자가 주체적으로 하는 활동이다. '놀이'에 대해 새로운 메시지를 전하는 하위징아는 '호모 루덴스Homo Ludens'라고 하며 인간을 놀이의 동물로 표현했다. 원시시대의 놀이에서부터 문화가 발전된 것이라고 했다. 놀이는 모든 참여자에 의해 인정받는 어떤 일정한 원칙과 규칙 즉, '놀이규칙'에 따라 진행된다. 그리고 놀이는 성취와 실패와 상관없이 모두가 즐기는 특징이 있다. 이솝 우화 중 「현명한 멧돼지」라는 이야기를 읽고 아이들이 카드에 스스로 질문을 만들었다. 그리고 그 질문 카드를 들고 일대일로 친구들을 만나면서 자신의 질문에 짝과 함께 답하고, 또 다른 친구를 만나 질문과 대답을 했다. 수학의 덧셈과 뺄셈을 잘 이해하지 못하는 아이도, 받아쓰기 문장을 제대로 잘 못 쓰는 아이도 짝을 만나 상대의 눈을 바라보며 즐겁게 자기 생각을 이유를 들어가며 말했다. 단 한 아이도 방관자로 있는 모습이 없었다. 토론과 배움이 아이들의 욕구와 수준에 맞는 방법이라면 기초학습력과 무관하게 다 즐겁게 참여할 수 있다. 아이들은 돌아다니며 장난을 치기도 하고 자유스러운 분위기에서 떠드는 것처럼 보이지만 자세히 들여다보면 모두가 진지하게 자기 생각을 이야기한다. 이와 같이 재미있으면 집중한다. 놀이는 아이가 주체이다. 토론도 아이가 주체이다. 시끌벅적해 보여도 아이들은 진지하게 생각을 나눈다.

하루에 하나, 실천 하브루타

가족이 함께 차로 이동할 때, 가정에서 함께 모여있는 휴식 시간에 짧은 시간 동안이라도 말놀이를 해볼까요? 끝말잇기, 세 글자 낱말 말하기, 속담 잇기, 행동으로 보여주고 속담이나 격언 알아맞히기 게임 등은 즐거운 놀이로 모두에게 열린 마음을 가져다줍니다. 벌칙은 가볍고 하는 사람도 즐거운 것으로 합니다. 또 하나의 추억이 쌓여가고 재미있고 행복한 추억은 우리 삶의 힘이 되어 줍니다.

06 완벽한 부모보다 행복한 부모가 되라

하나의 모범은 천 마디의 논쟁보다 더 가치 있는 것이다.
– 토마스 칼라일(영국의 비평가, 역사가)

완벽한 교육환경은 최적인 곳이 아니다

내가 자녀를 키우면서 가장 중요하게 생각한 철학은 '아이가 그 나이에 경험해야 할 것들은 그때 다 경험할 수 있도록 한다.'였다. 내 주변의 한 지인은 어른인데도 옷을 입는 스타일을 보면 레이스가 많거나 여성스럽고 공주 같은 옷을 자주 입었다. 이야기를 들어보니 어릴 때 많은 언니로부터 옷을 물려받아 입어 자신의 옷을 새로 산 적이 없었다고 했다. 그래서 '옷에 한이 맺혀서.'라고 웃으며 말했다. 반대로 늘 바지만 입고 다니는 친구가 있는데 이유는 어릴 때부터 자신은 싫은데 어머니가 하도 예쁜 원피스나 드레스 같은 옷을 사서 입혀 치마는 쳐다보기도 싫다고 했다. 이렇게 어릴 적 결핍된 요소에 집착하게 되어 현재의 자신의 모습이 만들어지는 경우가 있다.

내가 이런 생각을 한 것 또한 마찬가지이다. 부모님께서 교육에 대한 열의가 많아 교육적인 지원은 풍족하게 하여 남들이 안 가진 책들을 많이 사주셨다. 그러나 어린 여자아이들이 거의 다 신는 샌들을 한 번도 신은 적이 없고, 친구들은 명절에 거의 한복을 입었는데 나는 한 번도 입은 적이 없어 너무나 부러웠다. 그래서 마음에 늘 그것이 쌓여 있었다. 내 아이는 나이에 필요한 경험은 다 할 수 있어야 마음에 응어리지는 것 없이 원만한 성격이 될 것 같았다. 부모의 자녀에 대한 양육 방식이나 교육관은 자신에게 결핍된 것을 자녀에게는 경험시키지 않으려고 노력하는 것이다. 그러나 이것 또한 부모 입장에서 편협적으로 가지는 생각일 뿐 완벽한 부모가 되는 것은 아니다. 맞벌이 부모여서 혼자 있는 시간이 많았던 아이는 자라서 자신이 전업주부가 되어 아이에게 사랑을 듬뿍 주려고 하고, 자기 어머니가 전업주부인 아이는 맞벌이 가정의 친구 어머니가 능력이 있어 보이고 멋져 보여 자신은 그런 모습의 어머니가 되고 싶어 한다.

학교에서 학생이 다소 부적응하거나 학습에 문제가 있어 학부모와 상담을 하면, 대부분의 어머니는 "맞벌이라 아이를 잘 챙겨주지 못해 미안하다."라고 말한다. 어떤 부모는 부모가 아이를 교육할 때 야단치고 화를 내서 미안하고, 더 잘 타이르지 못해 자신을 탓한다. 모두가 부모 자신의 탓으로 돌린다. '완벽한 부모', '좋은 부모'는 어떤 모습일까? 아이는 부모와 살아가는 환경과 생각이 다르다. 우리는 이것을 간과하고 있는지도 모른다. 자신의 입장에서 잘하는 것이 아이에게 모두 도움이 되는 것은 아니다. 부모가 무엇이든 자녀가 원하는 것을 다 해준다고 교육적이거나 옳은 것이 아니다. 오히려 더 나약하게 만들 수도 있다. 아이마다 다르고 상황마다 다르기 때문이다.

부모 스스로 완벽하려고 노력하기보다 자신의 상황을 인정하고 아이의 경험도 그대로 인정해주는 태도가 필요하다. 부모가 자신의 마음만큼 못 해주었을 때도 자책하거나 합리화하는 대신 아이와 대화를 통해 서로 이해하는 것이 하브루타 대화다. 아이 존재를 존중하는 태도에서 끝없는 질문을 통해 주고받는 대화가 아이를 사회에 나가 잘 적응하고 자신의 삶을 이끌어가는 힘을 만들게 도와준다. 부모는 자신이 그린 계획을 자녀가 인정하고 따라와주기를 바란다. 그리고 자신이 겪은 어려움은 겪지 않고 성장하기를 바란다. 이것이 오류이다. 완벽한 교육 환경이란, 비닐하우스와 같이 바람이 없고 적당한 온도의 자라기에 최적인 곳이 아니라 결핍이 있는 환경이다. '요즘 아이들은 결핍이 없는 것이 결핍이다.'라는 말이 있다. 그만큼 나는 못해도 내 아이에게만은 모든 조건을 잘 마련해주고 싶어 한다. 간혹 학부모는 이런 불만을 학교에 혹은 교육청에 민원을 제기하기도 한다. "가족이 같이하는 과제를 내주면 부모가 없거나 바빠서 못 해주는 아이는 얼마나 기가 죽겠느냐? 왜 그런 과제를 내느냐?" 일리가 있는 말이다. 그렇다면 이 세상의 모든 교육 환경 조건이 다 같아야 한다는 말이 된다. 가족이 바빠 혼자서 해결하는 아이는 혼자서도 잘 해나가는 능력을 키울 수도 있다. 부모가 자녀에게 해주어야 할 것은 완벽한 지원이나 조력이 아니라 아이 자신이 제대로 설 수 있는 역량을 키워주는 일이다. 아이가 다니던 학원에 다니지 않겠다고 하면 어른으로서 윽박지르거나 무시하는 말을 하지 말고 아이의 입장과 사정을 물어보고 그 마음을 인정해주는 것이 하브루타 대화이다. 논리적인 이유를 들어 배우던 것을 그만두면 어떻게 될 것인지, 앞으로는 어떻게 하면 좋을지 아이의 생각을 두드리고 함께 고민하는 부모가 현명한 조력자로서의 부모일 것이다.

질문과 대화도 훈련이고 습관이다

아이가 어릴 때, 부모가 말을 많이 하는 가정과 그렇지 않은 가정을 비교했을 때 말을 많이 하는 가정의 아이가 많은 어휘를 알고 있다. 어휘력은 하루아침에 갑자기 습득되는 것이 아니다. 가정과 일상생활에서 꾸준히 다양한 언어를 경험하고, 읽고, 생각하고, 말함으로써 쌓여간다. 따라서 가정에서 습관처럼 아이와 질문과 대답을 이어가며 대화하는 것이 필수이다. 유대인들은 하브루타 교육으로 아이에게 묻는다.

"마타호셰프?"

네 생각은 어때? 상대의 말을 존중하며 묻는 것이다. 우리나라의 문화에서 자녀를 대할 때 잘 안 되는 태도이기도 하다. 대화하다 보면 무시하는 말을 하기 쉽다.

"네가 그렇지 뭐."
"그렇게 말할 줄 알았다."
"그런 말 누가 못해."

이런 분위기에서는 아이가 자기 생각을 자유롭게 표현하기 어렵다.

아이들에게 고민이 있을 때 상담의 상대가 누구인가에 관해 조사를 해보면 친구, 인터넷이 먼저이고 부모는 상위 순위에 들어가지 않는다. 이 벽을 허물려면 어릴 때부터 자녀와 일상 속에서 허용적으로 대화해야 한다. 그래야 청소년이 되어서도 허심탄회하게 마음을 열 수 있다. 일상에서 어떻게 하브루타를 실천할 것인가? 아이가 먼저 질문을 해오는 것이 좋겠지만, 성격에 따라 말을 잘하지 않는 아이도 있다. 이럴 때 부모가 먼저 자신의 일에 대해 질문하고 대화를 이끌어갈 수도 있다. TV를 함께 보면서도 하브루타 대화를 이어갈 수 있다.

어머니 : 참 답답하다. 저 남자는 왜 결정을 못하고 양쪽 사람들에게 오해를 낳게 할까? 넌 어떻게 생각해?

아이 : 양쪽 사람이 다 불쌍하니까 그렇겠죠.

어머니 : 그래도 두 사람을 다 좋아할 수는 없잖아?

아이 : 두 사람이 다 좋을 수도 있죠.

어머니 : 그래, 그럴 수도 있겠다. 두 사람이 다 좋으면 어떻게 하지? 결혼을 생각하고 사귀니 저 사람은 어쨌든 선택을 해야 하지 않니?

아이 : 남자하고 여자가 좋아하면 다 결혼해야 해요?

질문과 대화가 꼬리를 잇고 계속되면서 아이는 문제에 대해 어떤 생각을 가졌는지 자연스럽게 알게 된다. 드라마 이야기에서 아이가 생각하는 좋아하거나 사랑함에 대한 생각, 삶의 가치관을 자연스럽게 나눌 수 있다. 아이가 숙제해야 하는데 하기 싫어하며 TV를 보고 있을 때도 마찬가지다. 무조건 숙제를 먼저 해라고 지시나 훈계를 하는 것이 우리 일상의 다반사다. 그러나 아이의 힘든 마음과 고민을 공감하고 인정하는 태도로 대화하면 아이 스스로 해결점을 찾아가게 된다. 부모의 간섭과 훈계로 숙제하는 것과 아이가 대화를 통해 스스로의 상황과 숙제를 해야 하는 필요성을 인지하면서 숙제를 하는 것은 다르다. 부모는 언제 그럴 시간이 있느냐고 반문할 수도 있다. 질문과 대화도 훈련이고 습관이다. 처음에는 긴 시간 동안 대화를 이끌어가는 것이 어려울 수도 있다. 그러나 존중하고 허용적인 태도만 잊지 않는다면 아이의 생각을 탄탄하게 성장 시킬 수 있는 가장 행복한 시간이 될 수 있다.

하루에 하나, 실천 하브루타

아이들은 허용적이고 개방적인 분위기라야 자기의 마음을 마음껏 드러 내고 자유롭게 표현합니다. 부정적인 감정과 생각은 무의식에서 나오고 긍정적인 감정과 생각은 의식에서 나온다고 합니다. 우리의 무의식에서 나오는 "안돼!", "하지 마!"를 "~하게 하렴.", "~하면 좋겠네."라고 바꾸 기만 해도 아이들은 존중받는 느낌을 받습니다. 그러면 소통이 더 잘 됩 니다.

뛰지 마!" → 걸어가자.

떠들지 마!" → 작은 소리로 말할까?

빨리 먹어야 해!" → 식사 시간이 오래 걸려 혹시 늦을지 걱정이네.

07 아이와 끊임없이 소통하는 부모가 되라

자녀를 존중하라.
너무 많이 어버이가 되려고 하지 말고
어린이만의 세계를 침범하지 마라.
– 랄프 왈도 에머슨(미국의 사상가)

어떤 것을 함께 공유하는 것만큼 강력한 소통은 없다

지인들과의 모임에서 화제가 자녀 교육으로 흐르게 되었다. 회원 한 사람이 자신이 아는 부모에 대해 이야기를 했다. 아들딸이 다 인성도 바르고 명문대에 다니는데 그 부모가 교육한 모습을 보면 당연한 결과라는 것이다. 어릴 때 자녀가 글쓰기 대회에 나가게 되었는데 부모도 같이 일반부에 참여하여 글을 썼다고 한다. 아이가 수영을 배울 때는 그 아버지가 함께 수강하며 배웠다고 한다. 보통의 부모는 배우고 싶어 하는 것이 있으면 수강하도록 지원만 한다. 영화를 함께 보러 가도 아이들만 보게 하고 부모는 쇼핑하거나 다른 일을 보고 마칠 시간에 맞춰 데리러 온다. 그런 면에서 그 부모는 경험을 '공유'하려고 애썼던 것이다. 어떤 것을 함께 공유하는 것만큼 강력한 소통은 없다. 아이가 어렸을 때 만화 영화를 온 가족이 함께 보았다. 본 뒤에는 그 영화에 나오는 대사를 따라 하면서 함께 맞장구치기도 하고 그 장면을 이야기하며 깔깔거리기도 했다. 같은 경험을 하면 이렇게 일상 속에서 공유한 것에 관한 이야기로 자연스럽게 이어진다. 모든 부모가 이렇게 경험을 함께하기는 어렵다. 그러나 경험을 공유하지는 못하더라도 '공감'하면 된다.

　얼마 전 TV에서 부모 대상으로 신조어 알아맞히기 퀴즈를 보았다. 요즘 아이들은 '대박', '잠수', '안습안구에 습기가 생길 정도로 어이없거나 신기한 일을 말할 때' 등과 같은 신조어를 자기들만의 언어로 여긴다. 그런 언어를 이해하지 못하면 소통이 안 된다고 아예 대화도 하지 않는다. 그래서 자녀를 이해하고 대화하기 위해 부모가 신조어를 배우고 자녀에게 문자로 보내는 모습을 보여주었다. 가족 각각이 바쁜 일상 속에서 함께 문자나 이모티콘 하나로도 서로의 감정을 전할 수 있다. 이런 공유와 공감하는 감정에서 신뢰가 쌓인다.　소통은 생각과 마음과 감정이 통하는 것을 말한다. 소통은 단지 커뮤니케이션 즉 대화의 기술만을 의미하는 것은 아니다. 소통을 잘하기 위해서는 말하는 기술이 필요한 것이 아니라 경청의 자세이다. 학부모 대상으로 연수를 하거나 상담을 할 때 물어보는 말이 있다. "아이들과 대화할 때 어떻게 하세요? 저녁 준비로 바쁠 때, 부엌에서 요리하거나 설거지하면서 아이의 이야기를 듣고 있지는 않나요? 일하면서도 다 듣고 있으니 이야기하라고 하면서 말입니다."라고 하면 다들 웃는다. 그 웃음은 인정이다. 아이는 엄마의 등을 보면서 이야기하는 것이다. 그러니 아이가 어떤 표정으로 말하는지도 알 수 없다. 소통의 기본은 진실성인데 등을 돌린 상태에서 진심을 알기 어렵다. 상대의 생각과 마음을 잘 알려면 경청 태도가 중요하다. 잠깐만이라도 아이의 눈을 보고 진지하게 들어주는 것이 필요하다. 아이는 부모에게 내용을 전달하려는 것이 아니라 감정을 보여주고 싶어 하고, 그 감정에 대한 답을 기다리는 것이다. 아이의 표정과 목소리와 몸짓을 통한 언어를 들어야 한다.

다른 사람과의 의사소통 상태를 조사해보면 언어적 의사소통이 차지하는 비율이 약 10% 내외이고 비언어적 의사소통이 차지하는 비율이 약 90%라고 한다. 또 서로 대화하는 사람들을 관찰하면 상대방에 대한 인상이나 호감을 결정할 때 목소리는 38%, 바디 랭귀지는 55%의 영향을 미치는 데 비해 말하는 내용은 겨우 7%만 영향을 끼친다고 한다. 이처럼 효과적인 소통에 있어 비언어적 요소가 차지하는 비율이 높다. 등을 돌린 채 아이의 말을 들으면 아이가 어떤 상황인지 알 수가 없다. 요즘은 다양한 모임이나 친구끼리 SNS를 하기도 하지만 온 가족이 만나는 모임 공간을 만들어 소통하는 가정이 많다. 우리 집도 가족 행사나 여러 가지 일을 모임 공간에서 문자로 의논하고 대화도 한다. 그런데 남편은 거의 대화를 하지 않았다. 아이들은 그것이 서운하기도 하고 불만이었다. 아이들이 축하받을 만한 좋은 일이 생겨 소식을 올려도 읽기만 한다. 나는 재미있는 이모티콘과 글로 축하를 하며 함께 기뻐한다.

남편은 답글을 올리지는 않지만 다 읽고 지켜보고 있다고 한다. 어느 날 가족끼리 이야기하면서 아이들이 그 부분에 대한 서운함을 털어놓았다. 그다음부터 작은 일이 있어도 남편이 대화에 어울리는 답글도 올리고 이모티콘을 전하니 아이들이 너무나 좋아했다. 아들은 작은 것 하나이지만 한 마디 쓰고, 이모티콘으로 대화하니 함께 하는 느낌이 들고 친밀감이 더 생긴다고 했다.

'무엇을 얘기하느냐'가 아니라 '어떻게 얘기하느냐'가 중요하다

딸과 나는 자주 친구 같다거나 자매 같다는 이야기를 듣는다. 그 이유는 서로 자기 일에 바쁘고 아무 일이 없어도 늘 "오늘 너무 더운데 뭐 하고 있니?", "일이 많다고 하던데 잘 해결했니?"라든지 서로의 일상에 대한 안부를 묻고, 집에 오면 그 대화를 매개로 또 대화가 이루어져 친밀감이 깊어서이다. 감정코치법의 대가 하임 기너트 박사는 『부모와 아이 사이』라는 책에서 '무엇을 얘기하느냐'가 중요한 것이 아니라 '어떻게 얘기하느냐'가 중요함을 강조했다. 아이의 소통 방식을 이해하고 배우고 그들의 언어를 공유하여 함께하는 노력이 필요하다. 아이가 결정적인 교육적 시기를 놓치게 되면 성장에 어려움이 있듯, 부모도 아이와 소통하는 시기를 놓치면 부모 자녀 사이 거리가 멀어지고, 그렇게 청소년으로, 성인으로 자라면 단절되는 소통의 창구는 되돌릴 수가 없다. 따라서 아이의 눈높이에서 관심을 공유하여 지속적으로 대화를 해나가야 할 것이다.

하루에 하나, 실천 하브루타

말을 이용하여 가족이 함께 영화를 보러 가볼까요? 아이가 어리다고, 어린이가 보는 영화라고 혹시 아이들만 보도록 하진 않았나요? '공감'보다 더 좋은 것은 '공유'입니다. 함께한다는 것 자체만으로도 마음이 열리는 소통이 됩니다. 그리고 자연스럽게 식사하면서, 산책하면서 함께 한 영화의 이야기를 하면서 토론으로 이어진답니다.

"어느 부분이 재미있었어?"
"나라면 ～할 텐데."

08 하브루타는 부모와의 애착 관계를 단단하게 한다

그대는 아이들에게 사랑을 줄 수는 있으나
그대의 생각까지 주려고 하지는 말라.
아이들에게는 아이들의 생각이 있으므로.
– 칼릴 지브란(레바논의 작가)

생각을 물어주는 것에서 자신이 인정받고 있다는 느낌을 갖는다

애착은 아이와 부모 사이의 친밀한 정서적 유대 관계를 말한다. 애착은 한 개인이 살아가는 데 있어 사회적인 대인 관계는 물론 자존감에까지 영향을 끼치므로 중요하다. 내 아이가 초등학교 1~2학년 때의 일이다. 타던 차가 오래되고 고장이 나서 새 차를 사게 되었다. 방학이라 아이들은 시골 외가에 가 있었고 남편과 함께 여러 가지로 알아보고 차를 산 후에 아이들이 보게 되었다. 대뜸 보자마자 딸이 화를 내고 속상해하며 말했다. "엄마 아빠는 어떤 차가 좋은지 왜 우리한테는 한 번도 안 물어보고 샀어요? 우리도 가족인데…." 순간 머리를 한 대 맞은 느낌이 들었다. 어린아이라고 의견을 신경 쓰지도 않았던 것 같다. 아이의 의견을 잘 들어주는 편이었고 차는 온 가족이 함께 타는 것인데도 아이의 의견은 필요하지 않다고 생각했던 것 같아서 미안했다. 존중이란 '높이 귀하게 여기어 대한다.'는 뜻이다. 가족이면 나이가 어려도 함께 의견을 물어보는 존재로 생각했어야 했다. 다른 가정도 이런 상황이 흔하게 일어나고 있다. "네가 뭘 알아?", "그런 건 몰라도 돼."라는 식으로 아이들의 말을 무시한다. 그러면서도 물질적인 것은 아이 기죽을까 봐 남 못지않게 다 사주는 경향이 있다.

친밀함은 신뢰에서 온다. 신뢰는 인정해주고 믿어주는 마음이다. 부부 상담에 관한 책에서 아내가 남편으로부터 질문을 받으면 배려받고 존중받는 느낌이 든다고 말한 것을 본 적이 있다. 또 뉴스 기사에서 한 초등학생이 다른 사람으로부터 질문을 받으면 자신에게 의견을 묻는 거니까 존중받는 느낌이 든다고 말한 것을 보았다. 어른이든 아이든 생각을 물어주는 것에서 자신이 인정받고 있음을 느끼는 것은 매한가지다. 부모 자녀 간의 애착 관계가 잘 형성되려면 친밀함이 오고 가야 하고 그 친밀함은 신뢰에서 비롯된다. 그 신뢰는 인정해주는 태도에서 생겨난다. 애착 관계를 단단하게 즉 친밀하고 안정적이고 긍정적인 정서를 형성하는 데에 하브루타는 어떤 역할을 할까? 오래 전에 TV에 방영된 재미있는 개그중 〈대화가 필요해〉라는 코너가 있었다. 어머니, 아버지, 아들이 주말 저녁 식사하며 대화하는 장면이다.

어머니 : 온 가족이 모여 먹으니 좋네. 다른 집에는 이야기도 재미있게 하면서 식사한다던데 우리도 대화 좀 하면서 식사합시다.

아버지 : 그래, 대화, 좋지. 아들은 요즘 공부 잘하나?

아들 : ……네.

아버지 : 참, 그런데 너 요즘 왜 그리 늦게 다니냐? 퇴근하고 잠잘 때까지 네 얼굴 보기 어렵고, 아침에는 일찍 나가고 없어 못 보고……. 좀 일찍 다녀라.

아들 : 자율학습한다고 늦는데요.

아버지 : ……음. 너도 하고 싶은 이야기 있으면 해 봐라.

아들 : 저…… 아버지, 저 용돈 좀 조금만 더 올려주면 안 될까요? 다른 친구에게 비하면 적은 편이고……

아버지 : 이것 봐라. 한다는 말이 꼭 뭐 해달라는 말 말고는 없다. 내가 있는데도 안 주나? 공부는 뭐만큼 하면서 원하는 것은…….

대화란 서로 동등한 존재로 존중하며 이루어지는 것이다. 위의 주고받는 말을 보면 일방적인 지시, 충고, 훈계이다. 그리고 권위적이고 아들의 요청이나 생각을 무시하기 일쑤다. 이런 말이 오가면 부모 자녀 간에 정서적 유대 관계가 긍정적으로 맺어질 수가 없다. 아이가 어릴 때에도 아이에게 하는 말을 살펴보면 우리들의 일상은 위와 유사하다. 임상심리학자 루이스 코졸리노는 부모와 자녀가 서로 얼굴을 맞대고 마음을 나눌

부모 자녀 간의 애착 관계가 잘 형성되려면
친밀함이 오고 가야 하고 그 친밀함은 신뢰에서 비롯된다.

때, 보살핌과 지지가 있을 때 두뇌가 발달한다고 하며 애착의 중요성에 대해 강조했다. 특히 애착 관계가 학령기의 학습 능력에 영향을 끼친다고 했다. 따라서 제1의 학교인 가정에서 신뢰와 지지로 아이와의 애착 형성에 중요한 안전지대가 되어주어야 한다. 단 10분을 대화하더라도 훈계하는 투나 무언가 잘했는지 확인하는 질문이 아닌 동등한 입장으로서의 대화가 이루어져야 애착 관계가 단단해진다.

부모 자녀가 어른 아이가 아닌 동등한 존재로서 의견을 나눠라

하브루타로 대화한다는 것은 부모 자녀가 어른 아이가 아닌 동등한 존재로서 의견을 나눈다는 것을 의미한다. 하브루타 대화는 특별한 주제가 필요한 것이 아니다. 대화의 방식이다. 식사하다가 아이가 콩 반찬을 먹지 않는다고 하면 대부분의 부모는 싫어하니 안 먹어도 그냥 두거나 한두 번이라도 먹으라고 호소하듯이 부탁한다. 아니면 혼을 낸다. 이 상황을 하브루타로 한다면 아래와 같다.

어머니 : 콩은 안 먹니?

아이 : 네, 난 콩이 정말 싫어요.

어머니 : 콩을 언제부터 싫어했는데?

아이 : 몰라요. 언제부터인지……. 그냥 맛이 없어요.

어머니 : 그렇구나. 맛이 없어서 먹기 힘들었나 보구나. 콩이 싫은 건

아니고? 반찬 맛이 없어서 먹기 힘든 거니?

아이 : 그냥 콩이 싫어요.

어머니 : 콩이 싫으면 안 먹으면 되는데 엄마는 왜 네가 꼭 먹길 바랄까?

아이 : 그야 뭐 건강에 좋으니깐 그렇겠죠.

어머니 : 건강에 좋으니깐 엄마는 네가 먹길 바라고, 너는 콩이 싫고…. 어떻게 하면 좋을까? (건강에 왜 좋은지 이야기를 나누어도 좋을 것이다.)

아이 : 음…. 뭐, 콩하고 영양소가 같은 다른 것이 있으면 그것을 먹으면 되죠.

어머니 : 그럼 콩을 대신할 것을 찾으려면 콩에 뭐가 들어 있는지 알아야겠네.

아이 : 단백질 아닌가요?

탁구공을 주고받듯이 계속 대화를 이어가는 것이다. 대화를 이어가면서 자신에 대해 새로운 발견을 할 수도 있다. 콩에 대한 안 좋은 경험이 있어 그 뒤부터 안 먹게 되었다는 것을 발견할 수도 있다. 콩을 대신하는 다른 요리를 찾을 수도 있고, 형태를 바꾸어 먹는 방법도 나눌 수 있다. 이와 같은 대화는 서로에 대한 존중이 없으면 이루어지지 않는다. 우리나라는 웃어른에 대한 예절을 중시해온 문화로 인해 아이가 이렇게 자신의 생각을 말하면 어른에게 말대답하는 버릇없는 아이라고 생각한다. 위의 유머에서 나온 부모와의 대화에서 없는 것은 동등하게 인정하는 '존중'하는 마음이다. 우리의 아이들이 살아갈 4차 산업 혁명의 미래 사회는 자기의 창의적이고 뚜렷한 생각을 표현하는 능력이 필요하다. 자기의 말과 근거를 인정해주고 대화를 하는 동안 자녀는 자신이 인정받고 있다는 사실 존중받는 느낌을 가지게 된다. 부모로부터 신뢰받고, 또 부모도 자녀를 신뢰하는 대화 속에서 부모 자녀 간의 애착은 매우 안정적이고 긍정적일 것이며 자존감이 높아질 것이다. 이 높은 자존감은 또래 집단에서 자신감 있는 적극적인 태도로 표현될 것이다.

요즘은 맞벌이 가정이 많고 그렇지 않더라도 온 가족이 하루하루 바쁜 일상이다. 아이들도 학교 수업을 마치면 방과 후 학교와 학원 등을 다녀 부모가 오는 시간에 맞추어 가정으로 돌아온다. 혹은 더 늦게 들어온다. 그러면 또 하루를 정리하는 일들로 온 가족이 바쁘다. 이런 상황에서 의도적인 마음을 갖지 않으면 가족 간에도 제대로 눈 한 번 마주치지 않고 지나는 날이 다반사다. 이런 날들이 쌓여 '집은 있되 가정은 없다.'는 말이 나오는 것이다. 몇 마디를 하더라도 동등한 어른을 대하는 마음으로 아이와 대화해보자. 아이의 한 마디에 공감하고 지지하는 말을 해주자. 아이의 상황을 진심으로 인정하는 자세로 대화할 때 아이는 부모를 통해 세상에 대해서도 신뢰감을 갖게 된다.

가장 좋은 애착의 표현은 스킨십입니다. 하루에 몇 번 아이와 눈을 맞추거나 손을 잡거나 안아보나요? 어리다면 학교에 갈 때 또는 저녁에 만났을 때 꼭 안아주세요. 자녀가 크면 쑥스러워하는 것 같아도 싫어하지 않는 마음이 속에 있답니다. 날마다 하고 습관이 되면 자연스러워집니다. 손을 마주 잡거나 하이파이브를 하며 아이의 멋진 점을 인정하고 칭찬해주세요. 서로 칭찬해주는 가정의 문화를 만들어가는 것도 자존감을 높여주는 방법입니다.

책을 읽고 질문을 만들어봅시다.

1. 한 장에 질문 한 가지씩, 예시와 같이 문장으로 만들어 질문 카드에

씁니다. 한 사람이 3~5장의 질문 카드를 만들어도 좋아요.

2. 만든 질문 카드를 모아서 한 장씩 뽑아요.

3. 두 사람씩 짝을 지어 자기가 뽑은 질문 카드를 보고 상대에게 질문하

고 상대방은 답합니다.

4. 질문한 나도 그 질문에 대한 생각을 이야기합니다.

5. 그 다음은 상대방의 질문을 듣고 생각을 이야기합니다.

6. 그 상대방도 자기 생각을 이야기하고 헤어져 각자 다른 짝을 만나 같

은 방법으로 토론합니다.

부모와 아이, 가족끼리, 친구끼리 또는 학교에서 질문 카드를 한 장씩

뽑아서 두 사람씩 짝을 지어 질문하고 대답해봅시다.

이름 :	질문 카드

예) 심봉사는 왜 지키지도 못할 약속을 했을까?

이름 :	질문 카드

이름 :	질문 카드

2장

질문하고 토론하고
논쟁하는 아이로 키워라!

01 유대인은 왜 회당에서 매일 탈무드를 공부하는가?

배우나 생각하지 않으면 공허하고
생각하나 배우지 않으면 위험하다.
– 공자(고대 중국의 사상가)

유대인에게 탈무드와 회당이란

유대인 두뇌의 우수성은 세계적으로 이미 알려졌다. 미국 아이비리그로 통하는 예일, 컬럼비아 등의 대학교수 중 30%가 유대인이고, 1905년에서 약 70여 년간 노벨상 수상자 중 유대계가 전체의 10%를 차지하고 있다. 이렇게 탁월한 이유가 무엇인지 알려면 유대인이 성경 못지않게 평생을 공부하는 『탈무드』를 모르고는 설명할 수 없다. 『탈무드』는 책이 아니라 5천 년에 걸친 유대인의 지적 자산과 정신적 유산이 집약된 위대한 문학이라고 말해진다. 유대인에게 공부한다는 것은 인생 최대 목적이다. 『탈무드』를 공부한다는 것은 신을 찬미하는 행위로 받아들여지고 유대인에게 있어 공부한다는 것은 '올바른 행동을 한다.'라는 뜻이다. 그래서 그들은 아침에 일하러 가기 전, 점심 또는 저녁 식사 후는 물론 버스나 지하철에서도 『탈무드』를 공부한다. 『탈무드』는 읽는 것이 아니라 '배우는' 것이다. 『탈무드』는 짧게는 5~6줄 길게는 1쪽이 넘지 않는 분량의 내용으로 이루어져 있다. 이것은 차례대로 '읽는 것이 아니라' 10줄이 채 안 되는 이야기로 몇 시간, 며칠 동안 토론하고 제대로 된 의미가 무엇인지 찾기 위해 연구하고 '배운다.' 내용에 대해 의문을 갖고 비판하고, 다른 자료들을 찾고 자신이 옳다고 생각한 주장을 그 근거를 통해 논쟁하는 것이다. 그들에게 있어 공부, 배움은 종교생활이며 곧 삶이다. 이러한 『탈무드』 공부를 유대인들은 회당에서 했다.

회당은 어떤 곳일까? 기원전 6세기 유다 왕국이 신바빌로니아에게 멸망하여 왕과 유대인들이 바빌론에 억류되어 포로로 가거나 세계 여러 곳으로 뿔뿔이 흩어지게 되었다. 이 사건을 '바빌론 유수'라고 한다. 이 사건을 계기로 나라를 잃고 성전도 무너져 유대인은 자신들의 정체성을 지키려고 노력했으며 성전을 대신할 장소가 필요했다. 그래서 생활 속에서 율법을 실천하려고 애쓰는 과정에서 회당이 생기게 되었다. 회당은 시나고그synagogue, 즉 '모임'이라는 뜻을 가진 그리스어에서 유래되었다. 유대인들은 기도하는 것 못지않게 공부를 중시한다. 성경을 통해 진리를 실천하려면 먼저 제대로 알아야 하기 때문에 공부하는 것은 곧 하나님을 찬미하는 행위로 여겨졌다. 그들에게 있어 종교는 문화이고 삶이다. 그들은 하나님의 율법을 지키지 않으면 형벌을 받는다고 믿는다. 따라서 율법을 잘 알고 지키려면 제대로 배워야 하므로 그들에게 있어 공부하는 것은 살아가는 이유이고 공부는 곧 종교이다. 『토라』와 『탈무드』를 공부하는 중요한 기능을 하는 곳이 회당이다.

삶에 필요한 지혜는 스스로 깨달아야 한다

유대인들은 회당에서 성직자 대신 랍비를 중심으로 모여 율법을 낭독하고 기도를 드리며 예배를 드렸다. 회당은 유대인 생활의 중심이 되었고 이곳에서 예배도 드리고, 공부도 하며 공동체의 크고 작은 일도 의논했다. 회당에서 공동체의 종교와 교육, 정치가 모두 이루어졌던 것이었다. 유대인에게 회당은 기도와 교육의 장소로 정신적인 구심점을 이루는 장소이다. '유대인은 마을마다 회당을!'이란 말이 생길 정도로 유대인들에게는 10가정 모인 곳에는 꼭 회당이 있어야 한다고 여겼다. 교육기관인 동시에 종교적인 장소로 이곳에서 정신적인 유대감을 나누고 그들 스스로를 지키는 장소라고 할 수 있다. 마을마다 있는 회당의 역할을 우리나라에 찾는다면 마을 단위의 마을회관, 나아가서는 교육기관인 학교의 역할이라고 할 수 있다. 학교는 예전부터 마을의 구심점이었고 오늘날에는 지역 주민도 사용하는 문화센터 역할로 변화하고 있다. 그러나 많은 학생 수와 주입식, 강의식 수업에서 완전히 벗어나지 못하는 현실이 있고, 삶을 가꾸는 지혜를 발견하기 위해 모여 토론하는 것은 실천에 어려움이 있다. 삶에 필요한 지혜는 스스로의 체험과 활동을 통해 깨달아야 한다. 삶과 관계가 있도록 아이들이 문제를 생각하고 서로 토론을 통해 해결점을 찾도록 해야 한다.

'회당'은 유대인들에게 있어 사랑방과 같은 역할을 한다. 우리도 아이의 친구 집이나 부모가 친구 중 자기 자녀와 비슷한 또래가 있는 가정과 자주 식사를 하거나 여행을 가는 예를 흔하게 찾아볼 수 있다. 저자도 자녀가 어렸을 때 친한 동료 세 가정이 자주 모여 식사도 하고 정기적으로 여행을 가기도 했다. 어린이날은 세 가족 운동회도 하고 아이들끼리 교류하게 하면서 양보나 배려하는 태도를 보이록 유도하기도 했다. 이런 모임에서 아이와 부모가 동화책을 읽어주면서 질문 만들기 놀이를 하면서 생각을 키울 수 있다. 유대인들은 가족의 식탁에서도 하브루타를 하는데 왜 회당일까? 같은 목적을 가지고 모이는 모임에는 소속감이 있다. 자신과 같이 공부하는 친구와 이웃을 보면서 힘을 갖게 되고 특히 한 가지 주제에 대한 다양한 관점이 있다는 것을 배우게 된다. 서로의 경험에서 나오는 생각들이 충돌하고 논쟁으로 발전되어 새로운 아이디어가 나올 수 있다.

함께 나누는 사람들 속에서 안전하고 바른 생각을 키워갈 수 있다
예전의 우리나라 가족 구성은 대가족이었다. 3대가 모여 사는 것은 예

삶에 필요한 지혜는 스스로의 체험과 활동을 통해 깨달아야 한다.
삶과 관계가 있도록 아이들이 문제를 생각하고 서로 토론을 통해
해결점을 찾도록 해야 한다.

사였다. 그래서 자연스럽게 어른에 대한 예의를 익히게 되고 많은 형제자매와 지내면서 다투기도 하지만 대화 속에서 형제애를 다지게 되었다. 그러나 현대 사회는 자녀가 1~2명인 핵가족으로 이루어져 있어 다양한 관점에서 생각할 기회가 없다. 아예 대화의 시간을 찾기도 어렵다. 지금의 친구 간의 따돌림이나 고질적인 폭력은 이러한 다양한 의견이 공존한다는 것을 몸소 체험하지 못하기 때문이다. 책을 읽고 토론을 하고 나서 소감을 물어보면 가장 많이 나온 의견과 공감한 내용이 "여러 사람의 의견을 들을 수 있어서 좋았다."였다. 학부모나 교사 집단을 대상으로 했을 때도 자기와는 다른 관점의 의견에 깜짝 놀라며 자기가 가진 생각을 재고해봐야겠다고 말하기도 했다. 따라서 가족 하브루타도 중요하지만 여러 사람의 관점을 나누면서 자신의 바른 가치관을 정립해가는 공간이 있어야 한다. 옛날의 우리에게는 '사랑방'이 있었다. 그곳은 동네 어른들과 아이들이 함께 모여 이야기를 나누는 곳이었다. 내 아이만이 아니라 남의 집 자녀도 내 자녀와 같이 사랑하고 예절을 가르치고 정신적인 소속감을 같이 느낄 수 있는 곳이었다. 따라서 '회당'의 의미는 사회적인 책임을 함께 하는 공동체라는 뜻이 있다. 함께 나누고 지켜주는 사람들 속에서 아이들은 안전하고 바른 생각을 키워갈 수 있다.

오래 전 한 잡지에서 읽은 콩트 내용이다. 한 회사원이 다른 나라에 오래 머물게 되는 기회가 있었는데 어느 날은 마을버스를 타게 되었다. 버스가 떠나기 직전에 한 아이가 급히 차에 올랐는데 "아! 돈을 안 가져왔어요!" 하고 소리쳤다. 그러자 운전자는 당연하다는 듯이 내려서 걸어가라고 했다. 버스에 있던 그 회사원은 안타까워서 자기가 그 버스비를 내주겠다고 했다. 그러자 운전자가 "왜 교육을 방해하냐!" 하며 버럭 화를 내어서 오히려 당황스러웠다고 했다. 그러나 곰곰이 생각해보니 이해가 되었다고 한다. '아이 하나를 키우려면 온 마을이 필요하다.'는 아프리카 속담이 있다. 아이가 돈을 안 가져왔으면 당연히 다시 되돌아가거나 걸어서 학교에 가야 하는 책임성, 자신의 행동에 대한 대가를 치르도록 마을 사람들이 함께 몸으로 체험하도록 교육하고 있는데 방해를 한 것이다.

온정주의 우리나라에서는 누구나 아이가 측은하고 운전자가 너무한다고 욕을 할 것이다. 또 그런 일은 누구나 겪을 수 있는 일이라고 여기고 도와줄 것이다. 교육에 있어서 이웃과 공동체 한 마을의 책임을 여실하게 보여주는 체험 이야기였다. 그 회사원도 그 나라의 교육 문화와 사회적인 교육적 책임과 우리나라를 비교하며 생각이 많았다고 했다. 우리는 아이 하나를 키우기 위해 함께 사는 마을에서 무엇을 하고 있는가? 생각해야 할 문제이다.

내 아이와 친한 친구가 누구인지 알고 있나요? 부모와 같이 교류가 있는 자녀의 친구를 서로 모여 놀도록 하면서 짧은 동화책을 읽고 재미있는 질문 만들기를 해볼까요? 질문 내용이 중요한 것이 아니랍니다. 아이들과 부모가 모여 다양하고 많은 질문을 만들며 그냥 즐기세요. 도화지를 8등분 하여 카드를 만들어서 질문을 많이 만들고 읽어보는 것만으로도 즐거운 놀이가 됩니다.

02 유대인 부모는 정답을 가르쳐주지 않는다

우리는 타인의 배움으로 박식해질 수 있다.
그러나 현명함은 우리 스스로 깨우쳐야 한다.
– 에우리피데스(고대 그리스의 시인)

다른 질문으로 이끌어 아이가 생각하고 스스로 답을 찾도록 유도하라

교사들을 대상으로 독서와 그림 토론 연수를 하면서 자주 받는 질문이
다.

"주제가 무엇인지, 그림이 전하는 메시지가 무엇인지 가르쳐주는 정리
학습을 하고 끝내야 하지 않나요? 아이들이 저마다 다르게 생각하면 그
것은 바른 지식이 아닌 것 같아요."

"정리하지 않으면 뭔가 찜찜해요."

이렇게 걱정스럽게 물어본다. 책과 예술 작품은 저자의 손을 떠나면

독자의 것이라는 말이 있다. 우리의 교육은 오랜 세월 동안 한 가지 '정답'만을 인정해 왔다. 따라서 시대의 흐름에 발맞추어 다양한 답이 인정되는 창의적인 사고력을 신장하는 방향으로 이끌어간다고 하면서도 은연중에 유일한 답을 아이들에게 주어야 직성이 풀리는 경향이 있다. 많은 선생님께서 그런 마음이 있다고 공감했다. 토론하든, 감상하든 그에 맞는 주제나 메시지 등 정답을 확인하고 마쳐야 수업이 제대로 된 느낌이 든다는 것이다. 우리나라의 교과 수업이 그런 방식으로 진행됐다.

어느 시인의 시가 시험 문제로 출제되었는데 시인 자신이 정답을 못 맞추었다는 사실이 화제가 된 적이 있다. 인터뷰에서 기자가 "자신이 쓴 시의 의도를 작가가 모른다면 말이 되나요?" 하고 질문을 했다. 그러자 작가는 시를 몸에 비유하여 설명했다.

"시의 이미지는 살이고 리듬은 피요, 의미는 뼈다. 그런데 수능 시험은 학생들에게 살과 피는 빼고 숨겨진 뼈만 보라고 하니 답이 틀리지 않겠는가?"

학생들에게 국어 시험 전략에서 '문학은 감상하지 말고 분석하라.'고 하는 말도 있다. 시나 문학을 분석하는 이유는 무엇일까? 제대로 감상하기 위해 맥락을 읽기 위해서일 것이다. 어떻게 정답이 있을까? 오로지 같은 시에 같은 감성, 같은 메시지를 찾기를 강요하는 우리의 교육에서 창의적인 사고를 갖기란 정말 어렵다.

우리나라 내로라하는 명문대학교 시험에서 최고 학점 받는 전략이 화제가 된 적이 있다. 창의적으로 답하면 안 된다는 것이다. 토의 토론으로 자신의 생각을 만들어가는 대신 수업시간의 수업 내용을 전부 받아 적어 외워야만 만점을 받는다는 것이다. 시대가 변하고 있다. 어제의 정보는 오늘은 쓸모없는 쓰레기가 되는 세상이다. 역사도 시대에 따라 재해석 되므로 지식을 그대로 외우는 것은 의미가 없다. 우리나라의 통일 문제만 해도 저자가 어렸을 때에는 북한에 대해 '빨갱이' 또는 적개심을 가지고 대해야 할 대상이었다. 이런 분위기에서의 국가 정책과 지금의 화해와 대화 국면으로 변한 정세에서의 정책은 분명 다르다. 북한에 대해 다양한 정보를 알도록 하고 동질성을 공감하고 서로 도와야 할 대상으로 변하고 있다. 이렇게 처한 상황에 따라 어떻게 문제 해결을 할 것인가는 지식을 외워서는 해결할 수 없다. 문제 상황에 부딪혀 해결하려면 다양한 정보는 참고만 될 뿐 판단과 선택, 결정을 위해 생각하는 힘을 키워야 한다.

유대의 부모는 아이가 질문하면 정답을 알려주는 대신 되묻는다. 아이와 함께 책을 찾아보거나 다른 방향의 질문으로 스스로 알아가도록 이끌어간다. 유대인은 부모들도 늘 책을 읽고 공부를 한다. 아이들을 가르치거나 모르면 알려주려고 하는 것이 아니라 함께 토론하고 대화하기 위해서이다. 그리고 이런 공부하는 부모의 모습을 보고 자라니 아이들은 그대로 본받게 된다. 또한, 아이가 질문하면 그와 관련된 체험을 하도록 기회를 만든다. 우리나라에도 이렇게 자녀와 함께 공부하며 배우는 부모가 있을 것이다. 그러나 보편적인 문화로 정착될 만큼은 아니다. 아이의 질문에 되물어 스스로 답을 찾도록 하는 것은 아이를 '어른의 축소판'으로 보는 것이 아니라 어른과 같은 인격체로 보아야 가능하다.

어릴 때의 아이들은 누구나 왕성한 호기심을 표현한다. "이게 뭐예요?", "왜 그래요?"를 끊임없이 묻는다. 이에 부모는 답해주기 시작하다가 어느 순간 귀찮아지고 대답을 다 해줄 수 없어 질문을 중단시키거나 화를 낸다. 아이가 즉석에서 대답을 들으면 금세 호기심은 사라지지만, 다음의 호기심은 충족시키지 못한다. 이것이 물고기를 잡아주는 격이다. '물고기를 주는 대신 물고기 잡는 방법을 가르쳐 주어라.'는 말을 알고 있으면서도 실제 실천은 하지 않는다. '물고기 잡는 방법을 가르쳐주는 것'이 바로 답 대신 다른 질문으로 이끌어 아이가 생각하고 스스로 답을 찾도록 유도하는 일이다.

다양한 해답이 있음을 스스로 찾도록 질문으로 되물어줘라

우리의 교실 현장에도 짝 토론이 있다. 늘 수업 시간에 하고 있다. 그

정답을 가르쳐주지 않는다는 것은 질문과 생각을 통해
자기만의 답을 찾으라는 데 그 목적이 있다.

런데 왜 유대인의 하브루타 교육을 강조하고 배우는가? 그들과 우리의 토론은 어떻게 다른가? 우리의 짝 토론은 수업 활동의 일부분에 그치거나 정답을 찾아가는 간단한 활동일 경우가 많다. 그것도 교사가 일방적으로 지식을 가르치는 것보다는 아이들 스스로 대화를 통해 알아가니 의미가 있다. 그러나 유대인들의 우수성의 바탕이 되었다고 하는 하브루타는 한 가지 주제에 대해 질문에 꼬리를 이어 질문을 주고받는 논쟁을 하고, 삶의 문제에까지 접근하여 생활에 직접 실천 가능한 결과까지 도출해내는 데에 있다.

정답을 가르쳐주지 않는다는 것은 질문과 생각을 통해 자기만의 답을 찾으라는 데 그 목적이 있다. 자기만의 답을 찾기 위해서는 수많은 다양한 답, 혹은 해결 방법에 대해 찾아보고 고민해보아야 한다. 고흐의 작품 「별이 빛나는 밤에」로 선생님들과 하브루타를 했다. 다양한 질문을 만들어서 서로 그에 대한 답을 했다.

'고흐의 그림이 왜 인정받지 못 했는가?'
'고흐는 왜 많은 직업을 가지게 되었을까?'
「별이 빛나는 밤에」는 왜 평화롭기보다 회오리치는 모습일까?'
'어디서 그림을 그렸을까?'
'왜 인정받지 못하고 힘든데 끝까지 그런 화법으로 그림을 그렸을까?'

질문들을 만들었고 이를 바탕으로 토론했더니 고흐에 대한 설명이나 지식을 읽은 것 못지않은 해박한 이야기들이 오고 갔다.

'시대를 앞서간 그림 화법을 그렸고 사람들이 그것에 대한 가치를 몰라서 그렇다.'
'당대의 사람들은 기존의 그림에 대한 감상과 견해에서 벗어나지 못했을 것이다.'

토론에 대해 답하면서 그림을 이해하게까지 되었다. 그런데 선생님들은 토론 후 "아이들도 이처럼 질문을 자유롭게 만들어서 토론하고 나면 그래도 그림의 메시지나 객관적인 감상의 느낌 등을 안내해줘야 하지 않나요?" 하고 의문을 가졌다. 이 또한 어떻게 하면 좋을지 토론으로 이어가면서 의견을 나누었다. 우리는 한 가지 답만을 요구하는 문제의식에서 벗어나지 못하고 있다. 우리가 그렇게 교육받아왔기 때문에 새 시대를 살아갈 학생들에게도 같은 것을 요구하고 있다. 정보도 아이들이 스스로 찾고, 모둠끼리 함께 탐구하고 토론하며 답을 찾아가는 것이 진정한 지식이다.

유대인들은 수 세기 동안 파트너와 함께 『토라』와 『탈무드』를 연구해왔다. 두 사람은 함께 앉아서 본문을 큰소리로 읽고 그것을 토론하고 분석한다. 또 다른 본문과의 관계를 살피고, 관련된 정보를 찾아보고 그들의 삶과 관련지어 생각해본다. 그들이 서로의 생각에 동의가 되지 않을 때는 자신들의 이유를 차근차근 제시한다. 하브루타를 통한 공부는 우리의 생각 폭을 넓히고 서로 간의 차이를 드러내게 해준다. 우리는 매일 일상 속에서 하브루타를 할 수 있다. 신문과 TV의 뉴스 기사를 논할 수도 있고 손님과 고객의 대화에서도 할 수 있고, 부모와 자녀 간의 문제에 대해서도 할 수 있다. 하브루타란 세상의 현상과 일에 대해 한 가지의 정답보다 다양하고 사람만큼의 수많은 관점이 있다는 것을 의미한다. '존재'는 '차이'라는 생각을 바탕에 두고 다양한 해답이 있음을 스스로 찾도록 질문으로 되물어주는 공부가 필요하다.

하루에 하나, 실천 하브루타

날이 갈수록 지구가 뜨거워지고 있어 걱정입니다. "왜 갑자기 온 지구촌이 더욱더 폭염이 계속되는 것일까?" 생활 속의 실제적인 문제에 대해 아이들과 함께 질문해봅시다. 다양한 답에 대해 또 다른 질문을 던져봅시다. 부모가 '토론을 몇 분 동안 계속하는가?' 마음 속에 의도성을 가지고 아이와 대화해봅시다. 답 대신 되물어 주고 함께 생각하고 대화를 이어가보세요.

03 하브루타 토론은 취학 전 시작하라

교육은 어머니 무릎에서 시작되고
유년시절에 전해 들은 모든 말이 성격을 형성한다.
– 장 루이 바로(프랑스의 연출가)

부모가 먼저 '배움'의 본보기가 되어줘라

모든 것은 때가 있다. 인간의 두뇌는 10세 이전에 95% 형성된다. 이 시기 동안에 습득되는 많은 양의 시냅스는 어떤 경험을 하느냐에 따라 선택적으로 발달한다. '용불용설用不用說'과 같이 사용하지 않는 시냅스는 제거되고, 자극을 받은 시냅스는 살아남아 네트워크를 형성한다. 그래서 다양한 경험이 필요한 것이다. 요즘은 아이가 2~3살만 되어도 뭔가 만족스럽지 못하여 칭얼대거나 보채면 스마트폰을 쥐어주는 경우가 허다하다. 아이는 순간순간 변화하는 재미있는 게임에 모든 정신을 쏟고 몰입한다. 식당에서도 어른들이 식사하는 동안 아이는 조용히 스마트폰에 빠져있다. 가정으로 돌아오면 또 TV의 끝없는 만화 채널이 기다리고 있다. 이렇게 아이가 원한다거나 편해서 한쪽으로 편향되게 아이를 키운다면 제한된 경험 속에서 아이들의 뇌 발달에도 문제가 생긴다.

 TV를 3세까지 너무 많이 보면 지나친 시청각 자극이 뇌를 손상시켜 인지 발달과 정서와 사회성의 발달에 부정적인 영향을 끼친다는 연구가 있다. 현란하고 순간순간 변하는 장면들에 익숙해져 웬만한 자극에는 무감각해진다. 그래서 다른 것에 주의집중력이 떨어지는 것이다. TV는 상호 작용이 없는 일방적인 매체이다. 유아 시절의 상호 작용은 정서와 사회적인 발달에 매우 중요하다. 따라서 아이의 어린 시절의 양육자와 친밀하고 지속적인 상호 작용과 다양한 경험을 해야 한다. '3살 버릇 여든까지 간다.'라는 속담은 어린 시절 고착된 습관은 고치기 어렵다는 것을 말해준다. 따라서 어릴 때의 습관 형성에 많은 주의를 기울여야 하고 이때의 부모 자녀 간의 대화 습관은 전 인생에 많은 영향을 주게 된다. 이미 성인이 된 저자의 자녀가 가끔 TV 채널을 돌리다가 재미있는 드라마나 영화를 보고 있는 경우가 있다. 그 장면을 본 남편은 간혹 어이없어하며 말한다.

 "그 영화 몇 번째 보니? 너는 본 걸 왜 또 보니?"

 저자는 이렇게 말해주었다.

"당신도 본 스포츠 경기를 또 보고, 본 뉴스를 또 보고 하면서……. 아이들도 같은 심리지."

어른도 좋은 것은 또 보고 싶다. 특히 유아기의 아이들은 자신이 원하는 것을 계속해서 하고 싶어 한다. 어떤 책은 수십 번씩 읽어달라고 조른다. 저자의 아이가 어렸을 때 『여우 누이』라는 전래 동화를 거의 매일 읽어달라고 한 적이 있다. 여우의 꼬리가 보이는 부분은 무섭다고 하면서도 말이다. 아이들은 이렇게 내용을 충분히 알고 싶어서 또는 곱씹어 생각하기 위해서 계속 같은 책을 읽는 것이다. 새로운 내용을 내 것으로 만드는 그 반복된 과정을 무의식적으로 즐기고 있는 것인지도 모른다. 이미 우리의 아이들에게는 반복을 통하여 자기 것으로 만드는 학습 역량이 내재되어 있었다고 할 수 있다.

자주 반복되는 경험과 관련된 시냅스는 오래 남는다. 부모의 언어나 행동이 중요한 이유도 그 때문이다. 태도, 언어 사용 및 행동이 아주 중요하다. 내가 맡은 학급에서 밝고 명랑하며 수업시간에도 열심히 참여하는 데 친구들에게 거친 언어를 쓰는 아이가 있었다. 위협적인 언어와 행동을 하기에 깜짝 놀라 부모와 상담을 해보니 가족이 좀 그렇게 거친 언어를 아무렇지도 않게 쓰는 편인데 그만큼 따라할 줄 몰랐다는 것이다. 아이들뿐 아니라 인간은 모방의 동물이다. 아이에게 있어 모든 행동의 거울은 부모이다. 무의식적으로 따라 하는 시기이기 때문에 바른 언행과 대화의 문화가 중요하다.

유대인으로 최초의 미국 국무장관이 된 헨리 키신저는 그의 자서전에서 '어렸을 때 늘 아버지와 함께 공부했다.'라고 했다. 그의 아버지는 독일의 교사였는데 온 방 안이 책으로 가득 찼고 그런 공부하는 아버지의 모습을 은연중에 따라 하게 되었다는 것이다. 유대 사회는 부계 사회이다. 『탈무드』에서도 아버지가 먼저 등장하는 이야기가 많다. 아버지의 권위가 매우 강하며 가정에서 『탈무드』를 가르치는 사람은 아버지이다. '아버지'라는 히브리어는 '교사'라는 의미도 포함하고 있다. 우리나라에도 예부터 '군사부일체君師父一體'로 아버지의 권위나 위치가 임금님 스승과 같다고 여기는 풍토가 있었다. 그만큼 정신적인 영향을 주는 역할이라는 의미일 것이다. 정신적 지주로서의 아버지로 함께 공부하는 모습은 어떤 것일까?

부모의 행동과 생각은 자녀에게 그대로 흘러간다

우리나라에서 교육과 보육에 아버지가 함께하게 된 것은 오래되지 않았다. 가정 일과 자녀 교육은 어머니의 몫이고 아버지는 밖에서 경제적인 활동을 하는 존재로만 있었다. 현대 사회가 거의 맞벌이 가정이 되다보니 함께 가사 일을 나누어 하는 과정에서 양육도 어느 정도의 역할을 맡는 편이지만 우리나라의 자녀 교육은 어머니가 거의 담당한다. 한동안 '공부 잘하는 아이로 키우려면 할아버지의 경제력과 아버지의 무관심, 그리고 어머니의 정보력이 필요하다.'라는 웃을 수만은 없는 사회 풍자 농담이 회자되었던 적이 있다. 그러나 자녀가 어느 영역에서든 성공했을 때 아버지가 지지하고 교육에 참여한 경우가 많다. 아버지의 무관심은 아버지 자신에서 끝나는 것이 아니라 자녀가 그대로 모방하여 그러한 부모가 되어가는 악순환이 계속되므로 변화가 필요하다. 또한 가정에서의 부모가 각자가 가지는 권위와 역할이 있기 때문에 부모가 다 교육에 함께 관여하는 것이 필요하다.

또한 학부모는 '부모 말은 안 들어도 선생님께서 하는 말은 잘 들으니 잘 지도해달라.'고 한다. '자기 자식은 못 가르친다.'는 말도 있다. 자신이 영어나 수학 선생님이면서 자녀는 학원에 보내는 등의 예도 흔하다. 시간이 없다고도 말한다. 그러나 뜻대로 가르치지 못하고 아이가 말을 듣지 않는다고 이유를 댄다. 부모 말을 듣지 않는 아이는 학교의 교사 말도 듣지 않는다. 가정은 제1의 학교이고 부모는 인생 첫 교사이다. 그런데도 자기 자녀에 대해 교육이 안 되고 어려워하는 것은 왜일까?

지금과 앞으로의 시대는 무수한 정보가 쏟아지고 변화해서 평생을 새로운 것을 배워야 하는 시대이다. 평생직장의 개념도 사라진지 오래다. 직업도 변화무쌍하게 없어지고 새로운 직업을 갖기 위해 부단히 배워야 하는 시대이다. 따라서 평생 동안 '배움'이 필요하다는 것을 자녀에게 보여주고 함께 공부하는 문화를 가져야 한다. 우리나라는 일반적으로 학교를 졸업하면 공부는 하지 않는 것으로 여긴다. TV에서 다른 나라의 노후 생활과 문화를 방영하는 것을 본 적이 있다. 70~80세가 넘는 노인들이 자기 전에 책을 몇 페이지 읽고, 언어도 배웠다. 나이가 많은 노인이 여행을 가기 위해 언어를 배울까? 그들이 다른 나라의 언어를 배우는 것은 언어를 통해 그 나라의 문화를 알게 되기 때문이라고 했다. 유대인들은 '20년 동안 배운 것도 2년 만에 모두 잊는다.'라고 충고한다. 그만큼 흐르는 물처럼 살아있는 동안 늘 배우는 생활을 해야 한다는 것을 보여준다. 우리도 부모가 먼저 '배움'의 롤 모델이 되어 주는 일이 필요하다. 자녀가 너무 어려 대화가 안 된다면 부부간에 하브루타로 끝없이 이어가는 토론을 해라. 그러한 모습을 보고 자란다면 아이는 무의식 속에서 대화를 어떻게 하는 것인가를 모방할 것이다. 부모의 모습이 가장 효과적인 교육이다.

아이가 취학 전 무의식에서 많은 것들을 모방하고 그것이 습관이 되는 시기는 무척 중요하다. 아이가 어릴수록 보고 배운 것은 평생을 간다. 그래서 어린 시절일수록 함께 놀아주고 대화하며 상호 작용을 하며 충분한 애착을 갖도록 해주어야 한다. 이 시기에 가정에서 부모와 자녀가 논쟁하라는 것은 "내가 옳다.", "네가 옳다." 하는 시시비비가 아니다. 어떤 생각에 대해 왜 그렇게 생각하는지 서로 묻고 답하고, 그에 대해 또 다른 질문으로 이어가는 대화법을 생활화하라는 것을 말한다.

아이와 함께 '내가 좋아하는 것과 이유를 말하는 놀이'를 해봅시다.

"나는 노란색을 좋아해요. 왜냐하면, 불처럼 빛이 나서 좋아요."
"나는 길쭉한 이 병이 좋아. 왜냐하면, 나는 키가 큰 것을 좋아해서야."

굳이 좋아하는 것이 아니더라도 괜찮습니다.

"이것을 왜 풀이라고 할까?"
"다른 말로 하면 뭐라고 하면 좋을까?"

상상력을 동원하여 마음껏 함께 이야기해요. 녹음해두었다가 다음에 들어도 좋은 추억이 된답니다.

04 아이의 질문에 또 다른 질문으로 되물어라

질문을 해서 무엇을 얻는가?
질문을 하면 밑바닥에서부터 겪지 않고
다른 사람들이 알고 있는 것을 신속하게 배울 수 있다.
적절한 질문은 앞에 놓인 장애와 나의 진로를 보여준다.
결국, 현명한 결정을 내리는 데 필요한 정보 이상의 것을 얻을 수 있다.
– 더글라스 윌리엄 멜튼(스코틀랜드의 기하학자)

아이가 쓴 낱말을 그대로 사용하여 조금 다르게 질문해라

TV에서 초등학교 수준의 퀴즈를 연예인들이 맞히는 프로그램을 몇 번 보았다. 출연자들은 문제가 어렵다고 하기도 하고 초등학생의 공부 내용이 맞냐고 묻기도 했다. 학부모들도 마찬가지다. 저학년일 때는 교과학습 학원을 안 보내고 싶은데 숙제나 학습을 돌봐주려고 보면 교과 내용이 어렵다는 것이다. '여름철 과일을 찾아 그림이나 사진으로 붙이기.'의 과제나 '곤충의 모습이 잘못된 것은?' 등의 문제를 다루게 되면 여름 과일이 사계절 내내 나오는 시대에서 계절 과일을 찾기도 어렵다는 등 난감해한다. 교사도 마찬가지다. 교육 경력이 많이 된 선생님 중에 몇 분은 고학년의 학습 내용도 어려워져 가르치기가 힘들다고 하시는 분도 있다.

30~40여 년 전만 해도 부모의 일을 돕거나 자연 속에서 곤충들을 보고 놀기도 하면서 자연스럽게 그런 문제는 상식적으로 알게 되는 것들이었다. 지금은 모든 정보는 의도적으로 공부하지 않으면 안 되는 시대가 되었다. 그래서 어렵기도 하다.

그러나 이 모든 어려움의 이유는 '가르치려' 한다는 데에 있다. 지식과 정보를 주고 암기하도록 하니 이런 문제가 생긴다. 자녀의 학습을 돕는 부모나 학교의 선생님께서 모든 것을 알아야 할 필요는 없다. 축구나 태권도 감독이 선수 생활을 하여 기능이 우수하지만, 선수보다 항상 월등히 잘해서 감독인 것은 아니다. 잘하도록 조력하는 존재인데 우리는 모든 것을 주려고 하는 데서 이런 고민이 생긴다.

"이건 왜 잎이 노랗게 되어 있어요? 다른 건 다 녹색인데."

아이가 이렇게 질문하면 어떻게 답하면 좋을까?

"내가 어떻게 아니? 내가 식물박사도 아니고."
"네가 알아보렴."
"다른 것도 할 것이 많은데 그것 궁금한 게 중요하니? 지금 네가 해결해야 할 게 뭐니?"

딴 소리로 모면하기도 한다. 어른의 체면에 모른다고 하기가 부끄럽기도 한 것이 사실이다.

이럴 때 되묻거나 아이가 쓴 낱말을 그대로 사용하여 조금 다른 표현으로 다시 물어주는 질문법이 사고를 촉진해준다.

"그렇구나. 왜 이것만 노란색일까?"
"이상하구나. 이것만 노란색인 이유를 어떻게 하면 알 수 있을까?"
"새로운 발견이네. 같이 알아봐야겠구나. 왜 이 잎만 노랗게 되어 있는지."
"넌 왜 그런 것 같니?"

이렇게 물어주면 아이는 방법을 이야기하기도 하고 이미 답을 알고 있을 수도 있다. 대체적으로 질문한 사람은 이미 답을 알고 있는 경우가 많다. "시든 것 같아요." 그러면 또다시 "왜 이 잎만 시들었을까?"라고 다른 질문을 하면 다른 식물은 어떤지 비교하고 탐색하게 된다. 또 자연에 대한 새로운 관심을 끌게 되고 그에 관련된 책을 찾거나 정보를 검색하게 될 것이다.

아이가 질문했을 때 즉석에서 답을 해주는 것은 아이가 생각할 기회를 박탈하는 것과도 같다. 되물어주는 질문은 새로운 호기심을 자극하고 생각을 하게 한다. 또한 상대가 되물어주면 존중받는다는 느낌이 든다.

질문에도 수준이 있다. 가장 낮은 수준의 질문은 교사 또는 부모가 질문하고 질문한 자신이 바로 대답하는 것이다. "추석을 다른 말로 뭐라고 하지?" 물어놓고는 금세 "한가위잖아." 하고 말한다. 아이가 생각할 짬도 없이 말이다. 두 번째로 교사나 부모가 질문하고 아이가 대답하는 것이다. 질문자가 아이에게 묻고 난 후 답을 기다리는 시간은 의외로 짧다. 수업 중 학생들에게 질문하고 최소한 7초는 기다려주어야 아이들이 생각할 시간이 된다. 그 시간도 기다리지 않고 3~4초 만에 손든 아이에게 대답하게 하면 앉아 있는 학생들에게 생각할 시간을 박탈하는 것과도 같다.

그 다음은 아이가 질문하고 교사나 부모가 대답해주는 것이다. 끝없이 호기심을 가진 아이의 질문에 부모와 교사는 언제까지 답을 해주어야 할 것인가? 그리고 그것은 옳은 일일까? 필요한 일일까? 생각해볼 문제이다. 가장 수준 높은 질문과 대답은 아이가 묻고 아이가 대답하는 것이다. 학습의 주체인 아이가 질문하고 아이 자신이나 혹은 같은 모둠이나 반의 다른 아이가 대답하는 것이 진정한 배움의 시간이 된다. 서로 생각한 다른 답을 주고받으면서 질문에 대한 답을 찾아가는 것이다.

아이는 질문을 통해 스스로 터득한다

아이의 질문에 또 다른 질문을 되물어주라고 하면 질문이 낯선 우리 문화에서 부모나 질문을 받는 사람은 어려워할 수도 있다. 학부모 하브루타 연수를 하던 중에 질문 만들기를 했는데 한 어머니가 질문 만드는 것을 너무 어려워하여 어떤 점이 어렵냐고 물어보았다. "'이 질문을 하면 아이가 어떤 답을 할까? 이 이야기에 맞는 답은 이러이러한 것들인데 그 답이 나오도록 하려면 어떻게 질문해야 할까?'를 생각하니 어렵다."라는 것이다. 그래서 어머니 자신이 궁금한 것이 무엇인지 질문을 만들어 보라고 권했다. 이미 정답을 머리에 넣고서 질문을 만들고, 질문에 대한 한 가지 정답만을 생각하니 아이들의 생각이 들어갈 곳이 없다. 아이의 질문에 답을 하지 말고 되물으라는 것은 새로운 질문으로 호기심을 갖고 더 탐구하는 기회를 주어 스스로 해답을 찾아가라는 의미이다. 배움은 누군가가 주는 것이 아니라 자신이 스스로 '앎'을 터득하는 것이다.

하루에 하나, 실천 하브루타

아이가 무언가 질문할 때 아이가 말한 낱말을 그대로 활용하여 되물어 주세요. 아이는 좀 더 생각하게 되고 스스로 답을 알고 말할 수도 있어 요.

05 좋은 질문을 하는 아이가 리더가 된다

질문이 정답보다 중요하다.
곧 죽을 상황에 처했고, 목숨을 구할 방법을 단 한 시간 안에 찾아야만 한다면,
한 시간 중 55분은 올바른 질문을 찾는 데 사용하겠다.
올바른 질문을 찾고 나면, 정답을 찾는 데는 5분도 걸리지 않을 것이다.
– 앨버트 아인슈타인(독일의 물리학자)

상대의 의견과 선택을 존중하고 인정하게 하라

유대인들은 '질문'을 자녀 교육에 있어 가장 중요한 덕목이라고 여긴
다. 부모가 준 질문에 답을 찾기 위해 아이들은 끊임없이 고민하고 그 과
정을 통해 사고력이 자란다. 유대인들은 자녀가 '얌전하다.'는 말을 듣기
를 원하지 않는다. 질문하고 배우려면 적극적이고 능동적인 자세가 필요
하기 때문이다. 그들은 어릴 때부터 자연스럽게 부모와 대화하고 자기
생각을 당당하게 말해왔기 때문에 남에게 말하는 것을 두려워하지 않는
다. 동양은 자신의 의견을 당당하게 말하는 것보다 남의 의견을 듣고 규
율에 잘 순응하는 아이에게 더 가치를 두어왔다. 지금까지 '말 잘 듣는 아
이', '하라는 대로 잘 지키는 아이', '부모의 기대에 맞도록 행동하는 아이'

만을 원해온 것이 사실이다. 미래 사회는 남의 기준에 맞추어 말을 잘 듣고 규율을 그대로 지키기만 해서는 살아갈 수 없다. 규율과 법칙도 하나의 정보이다. 이러한 정보들도 계속 변화한다. 상황에 따라 어떻게 행동할 것인지에 대한 깊은 사고와 선택, 그 선택의 이유에 당당해야 한다. 미래는 창조하는 사람이 이끌어 간다. 남이 하지 않는 나만의 특별한 그 무엇이 필요한 시대이다.

우리나라의 학교에서는 대체로 공부를 잘하거나 모범적인 아이가 반의 리더로 뽑힌다. 모범생과 우등생이 교사로부터 인정을 받고 본보기가 되니 아이들도 그들을 리더로 생각한다. 이에 반해 유대인의 학교에서는 '공부 잘하는 아이'가 아니라 '좋은 질문을 하는 아이'가 리더가 된다. 좋은 질문을 하는 아이는 언제 어디서나 당당하게 다른 사람의 눈치를 보지 않고 질문한다. 그들은 가정에서도 어른, 아이 구분 없이 부모와 자녀가 책상을 사이에 두고 평등한 존재로서 질문하며 자기 생각을 주장하고 그에 따른 논리를 확보하며 논쟁한다. 이어서 학교에서도 늘 짝을 이루어 『탈무드』를 펴놓고 내용에 관해 토론한다. 그래서 자신의 의견과 주장에 당당하다. 이런 점이 생활 속에서 아침에 눈을 떠서 잠들 때까지 끊임없이 질문하고 토론을 하는 습관 속에서 길러지는 것이 아닐까?

원어민 교사와 팀을 이루어 영어 교과를 2년 동안 수업한 적이 있다.

그때 아이들과 배운 내용을 익히기 위해 퀴즈 게임을 하는 데 원어민 교사가 구상한 퀴즈 형태는 점수 내는 기준이 지금껏 우리가 하는 것과는 달랐다. 보통 퀴즈의 규칙은 정답이면 점수를 얻고, 정답이 아니면 점수가 없다. 그래서 모둠별 퀴즈에서 답을 틀린 아이는 모둠원들에게 미안해한다. 자기 때문에 점수를 얻지 못했기 때문이다. 그러나 이 원어민 선생님께서 구상한 점수 매기는 기준은 퀴즈의 정답과 상관이 없다. 퀴즈의 정답을 말하지 못했으면 답을 보고 함께 영어 문장이나 단어를 소리 내 복습하고, 점수는 그 후에 제시되는 3가지의 캐릭터 중 하나를 선택하여 우연으로 입력된 점수를 얻는다. 그래서 퀴즈의 정답은 있지만, 점수는 정답이나 오답과는 상관이 없어 아이들은 즐겁게 퀴즈 게임을 했다.

누가 정답을 말하든 아니든 아무 상관이 없었다. 경쟁이 없는 즐거운 게임이었다. 하브루타 토론도 이와 같다. 토론의 목적은 자기의 생각을 말하는 일이다. 논리적인 바탕에서 100인 100답이라는 표현을 하듯 한 가지 질문에 대한 100명의 답이 존재한다는 것이다. 남과는 다른 나만의 해답을 찾고 치열하게 토론하되 이기고 지는 것도 없으며 누가 맞고 틀리는 것도 없다. 성격에 따라 자기 생각을 남 앞에 당당하게 잘 표현하지 못하는 아이도 있다. 그러나 대체로 당당하게 자기 의견을 잘 표현하는 아이의 가정을 살펴보면 아이의 의견과 선택을 존중하고 의견을 허용하는 부모였다.

『탈무드』에 다음과 같은 이야기가 있다. '여름 방학을 맞이한 두 명의 소년이 굴뚝을 청소했는데 청소 후 한 소년은 그을음투성이인 얼굴로, 다른 한 소년은 깨끗한 얼굴로 내려오게 되었는데 두 소년 중 누가 세수를 했을까?'

이 문제로 두 학생이 토론한다면, 한 아이는 그을음이 묻은 소년이 세수했을 것이라고 말하고, 다른 한 학생은 깨끗한 소년이 세수했을 것이라고 말할 것이다. 그리고 왜 그렇게 생각하는지 서로 근거를 대어 주장할 것이다. 질문과 대답을 이어가다 보면 두 소년이 다 세수를 할 것이라는 답을 낼 수도 있다. 이것이 끝이 아니다. 이 이야기의 숨은 뜻을 찾아야 한다. 그을음이 묻은 소년이 세수한다는 것은 마주 선 타인이 청소 후 더러워졌으니 자신도 그러할 것이라는 추측을 통해 판단한다는 뜻이다. 따라서 타인을 통해 자신을 본다는 뜻이다. 깨끗한 소년도 마찬가지이다. 자신의 모습을 타인을 통해 발견한다는 의미가 되고, 그것이 진정한 자신인지에 대해 토론이 이어질 것이다. 같이 굴뚝을 청소했는데 왜 둘 다 더러워져야 맞는데 한 소년은 깨끗할 수 있는지, 그을음에 덮인 소년이 청소를 잘못 한 것인지 온 힘을 다한 것인지에 대해 논쟁을 한다. 또한 자신은 어떻게 행동하고 살아야 하는지에 연결되는 이야기를 할 것이다. 이렇게 아주 작은 이야기 한 편으로 삶의 가치까지 이끌어내는 토론 속에서 유대인의 사고의 위대함이 나오는 것이다.

리더란 '자기만의 개성 있는 질문'을 할 줄 아는 역량의 아이를 말한다.
창의적이고 새로운 시각의 생각과 의문을 가진 자가
앞서 가는 사람이기 때문이다.

허용적인 가정에서 도전하고 질문을 잘하는 아이가 자란다

지금 시대에서는 누구나 리더이다. 사회적 존재로서 끊임없이 누군가와 상호 작용을 하며 누군가를 설득하기도 하고 영향을 끼치며 살아가게 되어 있다. 따라서 상호 작용에 필요한 의사소통 기술은 모두에게 필요하다. 토론과 논쟁은 의사소통의 한 방법이며 대화와 경청으로 이루어진다. 자신의 질문을 당당하게 말하려면 먼저 인정받는 분위기, 허용적인 분위기가 필요하다. 아이가 한두 가지 자신만의 생각을 인정받기 시작하면 자신감이 생기게 된다. 그리고 자신만의 생각을 갖는다. 우리는 남보다 '잘' 하는 사람, 남보다 '우수한' 사람에 가치를 높이 두는 분위기에서 살고 있다.

하브루타는 비교하는 '남보다'가 아닌 '나만의' 차이, 개성을 발전시키는 것이 중요하다는 메시지를 던진다. 따라서 리더란 '자기만의 개성 있는 질문'을 할 줄 아는 역량의 아이를 말한다. 창의적이고 새로운 시각의 생각과 의문을 가진 자가 앞서 가는 사람이기 때문이다. 반에서 교과 수업이든 책을 읽고 토론하는 시간이든 간에 창의적인 질문, 새로운 생각을 표현하는 아이는 공부, 즉 학교에서 말하는 학력과 무관한 경우가 많다. 대체로 그렇게 좋은 질문, 다양한 생각을 말할 수 있는 질문이나 독특한 생각을 말하는 아이는 개방적이고 허용적인 분위기의 가정에서 자란 경우가 많다.

긍정적인 생각은 무궁무진한 도전력을 갖게 한다. 내 아이를 리더로 키우고 싶다면 부모가 얼마나 허용적이고 개방적인지 점검해보는 것도 좋은 방법이다.

"하지 마."
"이것 다 했니?"

금지나 지시적인 말을 잘하지 않는 편인지 돌아보는 것도 필요하다. 딸아이가 어렸을 때, 어떤 잘못을 하여 야단을 치니 심하게 울었다.

"그렇게 억울하니?"
"억울한 게 아니고……. 엄마가 큰소리를 쳐서 놀라서…. 무서워서… 울었…… 어요."

이렇게 말하는 것이 아닌가? 정말 큰 충격이었다. 내 목소리가 아이에게 큰 불안과 공포를 주는 줄은 인식하지 못했다. 그 말에 내 반 아이들도 떠올랐다. 그리고 그 뒤로 목소리를 낮추고, 감정을 다스리는 훈련을 했다. 앎은 곧 새로운 변화와 실천으로 연결되어야 한다. 이 책을 읽는 부모도 내가 그랬던 것처럼 책 속에서 한 가지씩 습관을 고친다면 아이는 엄청나게 변화할 것이다.

2장 질문하고 토론하고 논쟁하는 아이로 키워라!

위의 글에 나온 이야기를 아이와 함께 읽고 토론해봅시다. 다양한 답과

그 이유는 토론의 재미를 더해줄 것입니다.

'여름방학을 맞이한 두 명의 소년이 굴뚝을 청소했는데 청소 후 한 소년

은 그을음투성이 얼굴로, 다른 한 소년은 깨끗한 얼굴로 내려오게 되었

는데 두 소년 중 누가 세수를 했을까?'

06 질문하고 토론하면 더 잘 기억하게 된다

내 모든 배움은 대화 중 질문을 하면서 비로소 시작되었다.
– 루 홀츠(미국의 풋볼코치)

질문은 생각의 시작이다

미국 샌프란시스코에 있는 미네르바스쿨은 2014년 생긴 학교로 캠퍼스나 강의실이 없다. 모든 수업은 100% 온라인으로 이뤄지고 학생들은 캠퍼스 대신 세계 7개국에 있는 기숙사가 있는 학교를 정기적으로 3~6개월마다 이동하며 현지 문화와 산업을 배운다. 이 학교는 개교한 지 4년 만에 전 세계에서 가장 들어가기 힘든 대학이 됐다. 2016년에 306명을 뽑는데 1만 6,000여 명이 지원하여 합격률이 2%가 채 되지 않는다.

〈파이낸셜타임스〉는 '미네르바스쿨은 하버드나 예일, 스탠퍼드대보다 합격률이 낮다.'고 평가했다. 이 학교가 단기간에 이런 성과를 낸 비결은 다른 학교와는 달리 100% 온라인이나 토론식 수업에 있다. 이런 방법으로 학생들끼리 토론하며 비판적 사고력과 소통 능력을 기른다. 학생들은 해당 주제에 대한 동영상을 보거나 논문을 읽은 후 수업에 참여하며 주당 12시간의 수업을 듣기 위해 보통 50시간 정도의 준비를 한다. 그만큼 이 학교에서는 토론의 위력을 잘 알고 있었고, 학생들은 이를 통해 실력을 쌓아가게 된다. 우리나라에서도 요즈음 '거꾸로 교실'로 가정에서 기본 학습과 제시된 과제를 해 와서 수업시간에 토론하거나 기본 학습을 바탕으로 팀 협동학습 프로젝트를 하는 방향으로 바뀌고 있다. 그러나 이러한 가정학습도 개인별로 수준과 능력에 맞도록 재구성되어야 하는 과제가 있다.

미래 사회는 지속적으로 활용 가능하고 인공지능AI이 아무리 발전해도 대체할 수 없는 인간의 고유한 인간만이 가질 수 있는 역량을 기르는 게 중요하다. 그러한 역량이 바로 비판적 사고력, 창의적 문제해결력, 소통 능력, 협업 능력이며 훈련을 통해 발전시킬 수 있다. 유대인들은 아이가 어렸을 때부터 늘 식탁에서 이러한 토론 문화가 자리 잡게 한다. 부모 자녀가 『탈무드』에 대해 끊임없이 토론하는 과정에서 아이의 가치관이 정립되며 대화의 예의를 배우고 지키게 되는 것이 생활 속의 한 문화이다. 하브루타는 유대인들의 대화 문화이다. 이제 시대가 바뀌고 시대에 따라 요구하는 역량이 다르다. 미래 사회는 창조 사회로, 이미 있는 정보들을 재구성하는 힘, 따라서 어릴 때부터 사고하는 힘을 기르는 것이 필요하다. 질문은 생각의 시작이다. 질문을 통해 호기심이 문제화된다. 새로움의 발견이 질문이다.

우리나라의 문화는 어릴 때부터 얌전하고 예의 바른 아이의 모습에 가치를 더 두었다. 말하기보다 듣기를 강조하여 학교에 갈 때도 부모가 아이에게 하는 말은 "선생님 말씀 잘 들어라." 학교에서 돌아오면, "수업 잘 들었니? 선생님 말씀 잘 기억하니?"이다. 이와는 달리 유대인들은 자기 아이가 '얌전하다.'는 말을 듣게 된다면 걱정을 한다. '얌전하다.'는 말은 '잘 배울 수 없다.'는 의미로 받아들인다. 그 이유는 수줍음을 타면 남 앞에서 말도 못하게 되고 학문을 익힐 수 없음을 걱정한다는 것이다. 무엇보다도 자신의 의견을 분명하게 말할 수 있는 능력이 배우는 자세에 필요하다고 가치를 두었기 때문이다. 그래서 유대 어머니는 자녀가 학교에서 갈 때 "선생님께 질문을 많이 하고 오렴."이라고 말하고, 학교에서 돌아오면 "오늘은 수업하면서 어떤 질문을 했니?" 하고 묻는다.

자기의 것으로 배우는 데에는 듣는 것보다 말하는 것이 더 중요하다. 우리의 교육은 지금까지 일방적으로 듣는 수업이다. 학급 학생 수가 많아 개인별 수준에 맞는 수업이 어려운 점도 있지만, 그보다 더 근본적인 문제는 교육의 초점이 시험에 있다 보니 지식을 암기하고 얼마나 아는지 확인하는 시험을 치고 나면 잊어버리는 교육을 해왔다. 또한 우리나라에서 공부하는 방식은 혼자 조용히 하는 것이다. 도서관에서도 남에게 피해를 주지 않기 위해 조용히 해야 하고 혼자서 외우고 문제 풀고 하도록 해 왔다. EBS 〈왜 우리는 대학에 가는가?〉 방송에서 학습 효율성을 실험했는데 강의를 들으면 5%만 기억에 남고, 읽으면 10%, 시청각 수업을 들으면 20%, 실제로 해보면 75%, 서로 설명하면 90%가 기억에 남는다는 결과가 나왔다. 자신이 경험하는 것보다 경험과 생각을 다른 사람에게 설명할 때 훨씬 더 자기의 지식이 된다는 결과는 시사하는 바가 크다. 또한, 같은 내용을 두 집단으로 나누어 한 집단은 조용히 혼자 읽고 암기하도록 하고 다른 한 집단은 서로 소리 내어 설명하거나 토론하는 방법을 하도록 한 후 평가를 했다. 그 결과는 단답형, 수학능력평가형, 논술형 등 다양한 유형의 평가를 했는데 모든 결과가 소리 내어 서로 설명하고 토론하는 방법으로 공부한 집단의 점수가 높았다.

정보를 조합해야 하는 논쟁을 통해 뇌가 발달한다

질문을 통한 토론과 논쟁은 다양한 생각이 공존하게 해준다. 나는 10여 년째 독서토론 동아리를 운영해오고 있다. 혼자서는 몇 번을 읽어도 잘 모르는 내용, 혹은 전혀 생각하지 못했던 내용을 여러 사람과 함께 하는 토론을 통해 알게 되는 경우가 많았다. 토론은 자기가 알게 된 내용을 정리해서 말하는 시간이 아니라, 다른 사람들의 생각과 의견을 듣고 나누는 시간이라는 것을 체험하게 되었다. 회원 한 분도 서로 질문하고 그에 대한 답을 찾아가는 중에 내용을 이해하게 되는 경험을 하여 서로 대화하는 배움의 가치를 몸소 체험하여 경이로워했다. 토론을 한 내용은 오랜 시간이 지나도 생생하게 남아 있다. 특히, 어려운 내용일수록 여럿이 질문하고 토론하는 과정에서 이해가 되었고, 독서토론은 독후활동이 아니라 또 하나의 독서 활동이라는 것을 알게 되었다.

　교사와 학부모, 학생들 대상으로 토론에 관해 떠오르는 말을 해보라고 하면 대부분 '찬성과 반대', '경쟁', '이겨야 한다.', '주장'이라고 했다. 그만큼 토론에 대해 알고 있는 정보가 편협적이다. 또한, 우리는 뉴스를 통해 최고의 지성인인데도 토론을 하면서 감정적으로 다투고 인신공격을 하는 예를 공공연히 접하게 된다. 이것은 찬반 토론 이전에 다른 사람의 의견을 경청하고 수용하는 태도와 자기 의견을 이유나 근거를 들어 자신 있게 표현하는 토론의 기본 소양이 정착되지 않아서임을 말해준다. 토론 대회에 몇 차례 심사를 나간 적이 있다. 학생들은 찬반 토론의 입론서, 반론 등을 말하는 것이 아니라 읽는다. 또한, 오로지 이기기 위해 노력한다. 상대편이 말하면 그에 대해 반박할 거리를 찾느라 여념이 없다. 또한, 자신들이 준비해온 자료와 무관한 질의가 나오면 대답을 하지 못한다. 상대 팀의 이야기를 귀 기울여 진지하게 듣는 것이 아니라 허점만 찾고 자기 팀의 의견만 주장하여 이기는 것만을 위한 토론은 제대로 걷지도 못하면서 뛰기를 강요하는 것과도 같다.

토론의 기본 소양은 진지한 경청과 공감, 다양성을 인정하는 태도와 자신 있는 자기의 의견 표현이다. 이러한 태도는 꾸준히 같은 부위의 같은 동작을 반복해야 근육이 형성되듯, 지속적인 반복의 습관을 통해 정착된다. 하브루타는 뇌를 움직이게 한다. 질문을 하면 생각이 연이어 떠오르고 뇌의 시냅스들이 연결되기 때문이다. 서로 논쟁을 하려면 자신이 알고 있는 정보들을 조합하여 근거를 만들어야 하고 또 반박하려면 상대의 말에 집중해야 한다. 그래서 뇌를 가장 원활하게 만들기 때문에 뇌 발달의 가장 효율적인 방법이다. 우리의 교육에서 토론이 필요한 이유는 다양한 관점과 시각을 수용하고 존중할 수 있게 해주기 때문이다. 창의적인 생각은 각자가 다른 생각이다. '옳다.', '그르다.'가 아닌 '다르다.'는 차이에 대한 인정과 존중이다. 하브루타는 각자가 다른 생각을 말하게 요구한다.

짝을 이루어 토론하는 하브루타에는 원칙이 있다. 토론하는 짝끼리 서로 눈을 마주 보고 대화하며 집중하여 상대의 말에 경청하며 끼어들지 않는다. 그리고 자기 의견에 대해 근거를 제시하여 논리적으로 말한다. 또한, 합의점을 찾기보다는 자신의 논리를 위해 상대를 반박하고 그 반박의 이유를 논리정연하게 설명하는 데 중점을 둔다. 이런 토론을 거치는 과정을 통해 서로 존중하고 대화하며 상대의 의견을 인정하여 경청하게 된다. 또한, 상대방의 생각을 개방적으로 받아들이는 태도와 자기의 생각을 당당하게 근거를 대어 표현하는 자세를 기르게 된다. 앞으로의 미래사회는 신뢰를 바탕으로 한 소통과 협력이 중요시된다. 토론과 논쟁을 하는 것은 서로 동등한 입장에서 자신의 의견을 주장하는 일이다. 이 과정에서 존중하여 예의를 지키는 태도를 습관화하게 된다. 특히 하브루타는 짝 토론이라는 의미로, 두 사람이 일대일로 만나 토론을 한다. 한 사람은 말하고 한 사람은 듣는 구조이다. 3~6명의 그룹으로 하면 듣는 이 속에서 방관자가 생기기도 한다. 그래서 2인의 토론 구조는 듣기와 말하기 역할이 구분되어 각자의 역할에 집중할 수 있는 특징이 있다. 그 짝은 또래, 학생과 교사, 가족과 자녀가 되든 누구든 상관이 없다. 질문과 토론, 논쟁은 특별한 토론 주제나 한 교과에 해당하는 것이 아니다. 생활 속에서도 적용되고 어떤 교과든지 적용을 할 수 있다.

학교에 다녀온 자녀에게 질문해봅시다.

"오늘 수업하면서 제일 기억에 남는 것은 무엇이니?"
"궁금한 것은 없었니?"

처음이라 아이는 기억에 남는 것과 궁금한 것을 떠올리느라 힘들 수도 있어요. 그러면 내일은 어떤 것이 기억에 남는지, 궁금한 것이 무엇인지 말해보자고 약속해봐요. 부모님도 어떤 일이 기억에 남거나 궁금한 것이 무엇인지 말해봅시다. 아이는 '기억할 목적성'을 가지고 수업에 임하고 궁금한 것도 생각할 것입니다. 그것이 한 걸음 발전입니다.

07 많이 아는 아이보다 스스로 생각하는 아이로 키워라

> 날마다 반 시간씩이라도 무엇인가 사색하고 독서하라.
> – 로맹 롤랑(프랑스의 소설가)

얼마만큼 알면 나는 만족하는가? 어제보다 얼마나 발전했는가?

유대인은 『탈무드』로 생각하고 토론한다. 『탈무드』는 이야기 속에서 한 가지 정답을 이끌어 내는 것이 아니다. 서로 토론을 통해 자기 나름대로 의미를 찾아내고 교훈을 끌어내어 실천하도록 하는 것이 목적이다. 외우는 책이 아니라, 생각하는 책이다. 『탈무드』에 '두 개의 머리를 가진 아기'라는 이야기가 있다. 이 이야기와 관련하여 '만일 머리가 둘인 아기는 한 사람인가? 두 사람인가?'라는 질문이 있다. 이것에 관해 토론한다면, 주장에 대한 원칙 혹은 가설이 있어야 한다. 한쪽은 '몸체를 한 인간으로 해야 하므로 한 사람이다.'라고 주장을 하고, 다른 한쪽은 '머리를 한 인간으로 해야 하므로 두 사람이다.'라고 할 것이다. 각자의 원칙은 그에 맞는 근거를 찾아 제시한다. 이를 통해 '생명'이란 무엇이며, '인간'의 범위에 대해 재조명하게 될 것이다. 이처럼 한 가지 이야기를 통해 삶과 인간에 대한 가치관과 철학을 배우게 된다.

똑똑하다는 것은 '사리에 밝고 총명함'을 뜻한다. 정확하고 어떤 정보를 빠르게 익히고 명확한 정보를 잘 표현하는 능력을 말한다. 똑똑하다는 뜻에 포함된 의미를 한자로 살펴보면, '영리하다怜, 영, 빼어나다秀, 수, 총명하다聰, 총'이다. 즉 타고난 우수한 능력을 뜻한다고 할 수 있다. 우리나라의 교육 열풍, 그것도 어머니의 자녀에 대한 교육 열의는 세계에서도 보기 드물다. 어머니들은 '내 아이가 남보다 뛰어나기를, 더 똑똑하기'를 바란다. 오로지 1등이 목표이다. 기준도 비교 대상도 남이다. 자신이 잘한다는 것은 다른 사람과의 비교에서만 존재한다. '동서양의 공부하는 이유'에 대한 실험 조사에서 동양인은 남에 비해 잘했다고 하면 그다음은 더 이상 공부를 하지 않는 현상을 보였다. 반면 남보다 못했다는 결과를 말해주면 자존심이 상해 더 열심히 하는 결과를 보여주었다. 이에 비하여 서양인은 남보다 잘했다고 하니 더 열심히 하고, 남보다 못했다고 하니 더는 공부를 하지 않았다. 그들은 "어릴 때부터 '잘한다, 잘한다.' 하고 칭찬해주니 정말 잘하나 보다고 계속 더 열심히 하게 된다."라고 했다. 못 한다고 하니 '다른 데에 소질이 있나 보다.' 하고 생각해서 더 공부를 안 한다고 했다. 우리나라 교육의 문제점은 '비교'이다. 집단의 비교로 우수성이 인정되는 것은 본질의 실력이 아니다. 얼마만큼 알면 만족하는지 자기 자신만의 기준이 필요하다.

급변해가는 불확실한 미래사회에서 처한 상황에 대해 문제를 해결하는 능력은 똑똑함보다 사고의 힘에서 나온다. 『탈무드』를 공부하는 학생들은 저명한 학자들의 이론이나 관점을 '많이 아는 능력을 똑똑함이라고 본다면 그들의 논리가 정말 맞는지, 왜 맞는 것인지, 허점은 없는지'를 따지는 공부를 한다. 그것이 사고의 힘을 기르는 것이라고 할 수 있다. 유대인들은 옛 학자들의 이론들을 거부한다. 그들의 역사에서 개혁사상이 많이 나오는 것도 이미 형성된 질서와 권위를 다른 관점에서 뒤집어 생각하는 태도에서 나온 것임을 알 수 있다. 그들은 묻는다. "네 생각은 어떠니?", "다르게 생각할 수는 없니?", "과연 옳은 생각이니?".

우리의 수업을 생각해보자. 역사의 인물들을 나열하고 그들의 업적의 과정을 설명 듣거나 외우고 시험을 친다. 역사적 과정과 사실에 대한 비판도 이미 나와 있는 정보로서 받아들이고 만다. 진정한 역사를 배운다면 자신의 위치에서 그것이 왜 있어야 하는 역사적 사건인지, 어떻게 생각하는지 학생 스스로 비판해야 옳을 것이다. 학문적으로 남이 이미 해놓은 비판과 해석을 그대로 받아들이고 외우고 기억하여 다시 문제의 답으로 적는 공부는 이제 무의미한 시대가 되었다.

2장 질문하고 토론하고 논쟁하는 아이로 키워라!

아이의 생각을 무시하거나 부모 생각을 주입하지 마라

세계의 지혜인 『탈무드』를 공부하는 것도 의미가 있지만, 우리에게도 『탈무드』는 많다. 우리나라의 고전과 속담이나 전래동화를 통해서도 깊은 의미와 여러 가지의 교훈을 찾아낼 수 있다. 나는 전래동화를 활용하여 저학년을 대상으로 독서토론을 지속적으로 해왔다. 『흥부전』, 『효녀심청』 또는 속담과 이솝우화 등의 이야기로도 질문을 만들고 토론하며 지혜를 찾을 수 있었다. 그러나 지금까지 우리나라는 한 개의 정답이 있는 문제만 다루어왔기 때문에 여러 가지 답이 있는 것에 대해 적응하지 못한다.

「현명한 멧돼지」라는 이야기로 아이들과 토론을 한 적이 있다. 이야기의 내용은 많은 동물이 봄날 햇볕을 쬐며 낮잠을 자는 데 멧돼지만 잠을 안 자고 송곳니를 갈고 있다. 먹잇감도 없는데 미리 송곳니를 가는 것이 이상하여 여우가 계속해서 물어도 대꾸해주지 않고 무시했다. 하도 귀찮게 물어서 미리 먹잇감 잘 잡도록 송곳니를 가는 것이라고 말해주고 계속해서 송곳니를 가는 이야기이다.

가족이 함께하는 토론에서 '이야기가 주는 메시지는 무엇인가?'에 대해 나누는 중에 아이가 "자기 일이 중요하고 바빠도 친구를 무시하면 안 된다는 것을 알려주는 이야기."라고 하자 어머니가 "아니, 그게 아니고 여기 있네. 미리미리 미래를 준비하는 게 중요하다고 말하잖아.” 하고 아이에게 잘못 찾았다고 말을 하는 것이었다. 아이의 생각은 무시하고 부모의 생각을 주입하고 혹은 문제지에 있는 것이었다면 답지를 보고 맞다 틀렸다고 이야기 한다. ‘틀리다.’가 아니라 ‘다르다.’의 문제이다. 스스로 생각하는 힘을 가지도록 하려면 이렇게 아이의 말을 무시하지 않고 진정으로 존중하고 인정해야 한다.

“어느 부분에서 그렇게 생각했니?”
“그렇게 생각한 까닭은 무엇이니?”

아이가 자신만의 근거를 찾아낼 수 있도록 하라

우리의 교육과 수업 속에서도 토론은 있지만, 토론의 목표는 학습 목표 혹은 성취 기준의 도달이다. 정해진 답이 있다. 이에 비해 유대인의 하브루타 토론은 답이 없다. 궁극적인 하브루타의 목적은 학생들의 사고력을 향상시키는 것이다. 따라서 ‘과정’이 중요하다. 토론은 내 생각을 말하고 다른 사람의 생각을 듣는 것이다. 내 것에 대한 주장을 하려면 그에 맞는 근거를 제시해야 하고 그러려면 잘 알아야 한다. 자신이 주장하고자 하는 것에 대한 관찰, 탐구, 조사가 필수이다. 그냥 말로만 주장하는 것이 아니라 필요한 정보를 검색하거나 자세하게 의문을 가지고 살펴보고 고민해야 찾아낼 수 있다.

교육의 본질은 학생들의 내면의 잠재적인 능력들을 밖으로 이끌어내는 것이다. 따라서 스스로 자신의 생각을 이끌어내도록 옆에서 이끌어주는 역할이 중요하다. 스스로 찾고 고민하고 그 과정을 즐기는 토론이어야 한다.

하루에 하나, 실천 하브루타

탈무드에 나오는 '만일 머리가 둘인 아기는 한 사람인가? 두 사람인가?'라는 질문으로 아이와 또는 가족이 함께 토론해봅시다. 답이 무엇이든 중요하지 않습니다. 근거를 들어가며 왜 그렇게 생각하는지 대화하고 다른 생각들을 나누는 과정이 중요합니다. 어떤 말이든 서로 지지하고 존중해주세요.

08 의견 말하기를 두려워하지 않는 아이로 키워라

절대로 고개를 떨구지 말라.
고개를 처들고 세상을 똑바로 바라보라.
– 헬렌 켈러(미국의 사회사업가)

대답이 허용되어야 자신의 의견을 당당하게 말하게 된다

수업 시간에 발표할 때 교사는 이야기한다.

"틀려도 괜찮아. 자신 있게 자기 생각을 이야기해보자."

그리고는 아이가 어떤 발표를 하면 이렇게 말한다.

"그럴 수도 있겠네. 그런데 좀 더 생각해보자꾸나."

그러면 아이는 정말 자신이 틀려도 괜찮은 대우를 받은 것일까? 다음에도 또 손을 들어 생각을 발표할 동기를 가지게 되었을지는 의문스럽다. 아이들에게 아무 말을 해도 괜찮다고 해도 아이들은 손을 들지 않는다. 그 이유를 조사해보았다. 한결같다.

"틀릴까 봐서 자신이 없다."
"내가 아는 것이 맞는지 몰라서 말을 못 하겠다."
"잘못 말하면 친구들에게 부끄러워서."

내 의견이 중요한 것이 아니라 어떻게 받아들여질지에 대한 불안함이 말을 못 하게 막는 것이다. 어른들의 대화 속에서도 마찬가지다. "쓸데없는 소리!" "그걸 말이라고 하나?", 약간 장난이 섞였지만 그런 말을 듣고 기분 좋을 사람은 없다. 아이가 자유롭게 자신의 의견을 표현하느냐 못하느냐는 허용적인 분위기와 자신의 의견을 진심으로 존중하는가 아닌가에서 비롯된다.

2학년과 독서 하브루타 토론을 할 때이다. 이솝 우화를 읽고 질문 만들기를 하는 활동 시간이었다. 개인이 한 가지씩 질문을 만들어 칠판에 분류하여 붙이며 핵심 질문을 찾고 좋은 질문이 어떤 것인지 공부한다. 반전체 단위 또는 모둠 단위로 하는데 아이들은 반 전체보다 모둠 활동으로 하자고 했다. 이유를 물어보니 반 전체에서 자기 질문이 좋은 질문이 아닌 경우 부끄럽기 때문이라고 했다. 예로 "이 질문은 텍스트에 답이 있나요? 그러면 내용을 잘 아는지 알아보는 퀴즈 놀이할 때 멋진 질문이 되겠네."라는 말도 부끄럽다는 것이다. 오로지 잘했다는 말 말고는 다 안 좋은 결과라고 생각한다. 물론 실명제를 하지 않으면 누구의 질문인지 모르니 이름 없이 질문을 만들어도 된다. 하지만 아이들에게 자신의 질문에 대한 책임성과 당당함을 갖게 하기 위해 이름을 쓰게 한다.

우리 사회에는 '맞다.', '틀리다.'만이 존재해왔다. '틀린' 것이 아니라 '다른' 것인데도 무의식중에 "그건 틀려."라고 표현하게 된다. 과학과 수학 계산의 답, 또는 국어의 장소나 인물의 이름 등 한 가지의 답만 있을 경우 다른 것은 모두 틀린 답이 된다. 그러나 답이 중요한 것이 아니라 "어떻게 해서 그 답을 생각하게 되었니?"라고 질문해서 생각의 과정을 좇아가 주어야 하는데 우리의 교육 풍토는 그렇지 못했다. 그러니 아이들도 유일한 답이 아니면 다 가치가 없다고 생각하는 것이다. 이것은 결과만을 강조해 온, 오로지 한 가지 정답만이 존재하는 사회를 만들어 왔기 때문이 아닐까? 한 가지 정답만이 존재하는 질문들 속에서 말할 수 있는 것들은 제한되어 있다. 답이 중요한 것이 아니라 어떻게 해서 그렇게 생각했는지 물었다면 아이는 자신이 한 말에 대해 주눅이 들지는 않을 것이다. 보통은 주눅이 들어 자신의 생각을 말하지 않는 아이 보고 "자신감을 가지고 말해라."라고 한다. 자신의 생각을 당당하게 말하는 자신감은 높은 자존감에서 나온다. 자존감은 자신에 대한 능력에 대한 믿음, 자신에 대한 존중 그리고 대답 후 돌아오는 결과에 대한 안전감에서 온다. 그 안전감은 듣는 사람들이 나타내는 허용적 분위기이다.

딸이 고3일 때 학교에서 특별반을 하나 만들어 매달 시험을 쳐서 명단을 작성했다. 학부모들은 자녀가 그 반에서 탈락하면 자존감이 낮아질 것이며 사기가 떨어진다고 그렇게 하지 말아달라고 교장 선생님께 단체로 찾아가 항의를 하자고 했다. 그런데 실상 당사자인 학생들은 태연했다. 더 공부해서 다시 들어가면 되고 싫으면 대강 공부하면 되는 일로 생각했다. 단 한 번의 특별반 탈락도 받아들이지 못하고 그것이 상처가 되는 아이는 늘 쭉 뻗은 고속도로 같은 인생의 길, 상처와 험난한 고비 없는 날을 보장해주고 싶은 부모에 의해 만들어진다. 성적이 떨어진다고 자존감도 따라 떨어지는 것은 아니다. 때로는 아이들이 부모보다 강하다.

같은 사물을 다른 관점으로 새롭게 생각하는 훈련을 하라

자신의 의견을 당당하게 말하는 데는 허용적인 분위기가 중요하다. 더 중요한 것은 말하는 아이 자신이다. 자신감을 갖는 일, 높은 자존감을 갖는 일은 하루 아침에, 한 번의 행동으로 이루어지는 것이 아니다. 이 모든 것들은 '훈련'에서 나온다. 훈련은 어떤 한 가지 행동을 습관적인 수준 또는 규칙적으로 자동화된 수준이 되도록 되풀이하는 실천적인 행동을 말한다. 우리는 훈련이란 낱말에 대해 주도적인 능력이 아닌 수동적인 것으로 여기거나 부정적인 것으로 오인하는 수도 있다. 생각도 훈련이다. 천재의 창의성도 어느 한순간에 나오는 것이 아니라 새롭게 생각하는 훈련, 새로움을 관찰하는 훈련에 의해 탄생하는 것이다. '천재는 1%의 영감과 99%의 노력으로 이루어진다.'라는 말도 끊임없이 새롭게 사고하는 훈련을 의미한다. 아이가 자기의 의견을 늘 당당하게 말하게 하려면 그런 기회를 마련하여 수시로 말할 수 있도록 해주어야 한다. 교실에서 수업할 때, 질문을 하면 대답자를 손을 들게 하고 그 중 몇 명을 발표하도록 한다. 그러면 많은 친구가 지켜보는 가운데 발표를 하니 단순한 대답이라도 긴장하고 또 원하는 답이 아닐 경우 스스로 부끄러워한다. 날마다 8시간 이상 학교에서 같이 생활하는 친구들로 이루어져 있는데도 발표는 항상 아이들에게 두렵다. 그래서 나는 다양한 교수법 중에서 아이들에게 질문 카드를 들고 돌아다니며 일대일로 만나 묻고 대답하는 활동을 하게 한다. 그렇게 차례로 5~8명의 친구를 만나 이야기하는 동안 떨면서 하던 말은 힘이 생기고 더 많은 이유를 들어 당당하게 말하게 되는 것을 경험했다. 아이들에게 반응을 살펴보면, 몇 번씩 말하니까 자신감이 생기고 잘 말할 수 있게 된다고 했다.

아이들과 가정에서 가족 독서토론을 하도록 한 때의 일이다. 부모들은 어른인데도 가족 앞에 특히 자녀가 지켜보는 가운데서 의견을 말하려니 쑥스럽고 제대로 이야기했는지 걱정이 되더라고 소감을 말했다. 어쩌다 한 번 하게 되니까 그런 현상이 일어나는 것이다. 그래서 하브루타는 일상 속에서 이루어져야 한다. 부모나 아이가 자유롭고 허용적인 분위기를 느끼고 무슨 말이든지 자신의 의견을 자유롭게 말할 수 있도록 노력해야 한다. 식탁이나 책상 앞에서 진지하게 꼭 책에 대해서만 대화하는 것이 아니다. 생활 속에서 함께 길을 걷다가 꽃을 보거나 신호등을 기다리면서, 함께 시장을 보며, TV를 보며 묻고, 그것에 대해 아이와 끊임없이 대화하는 것이다. "너는 어떻게 생각하니?"를 나누는 일, "왜 그렇게 생각하게 되었니?", 정답이 없는, 아이가 말하는 모든 것이 답인 아이만의 생각을 인정해주는 것이 아이가 자신의 생각을 두려움 없이 당당하게 말하도록 하는 것이다. 아이가 자기 생각을 하도록 하는 것이 자신감을 주게 된다.

아이가 초등학교 다니던 시절 어느 여름 베란다에서 바깥 하늘을 보면서 딸아이와 함께 잠을 잤을 때의 일이다. 너무 더워서 베란다에 장판을 깔고 방처럼 만들어 놓고 자고 하던 때였다. 하늘에 달이 떠 있어서 "와! 달이 보인다. 근데 왜 달에 토끼가 절구 찧고 산다고 사람들이 말을 할까?" 하고 질문을 했다. 아이는 "음. 달의 그림자가 마치 토끼가 절구를 찧는 모양으로 보여서 그런 것 아닐까요?" 하고 대답을 했다. "토끼가

아이가 자기 생각을 하도록 하는 것이 자신감을 주게 된다.

될 수도 있지만, 사람에 따라 사슴으로나 다른 동물로도 보일 수 있는 데 왜 토끼라고 생각했을까?" 하고 다시 물었다. 아이는 "혹시 우리가 용을 다른 동물보다 다르게 더 멋지게 생각하는 것처럼 토끼에 관한 무슨 신화나 그런 게 있는 것처럼 관계있는 동물이라서 그런 거 아닐까요?" "글쎄." 하고 궁금해하니, 아이가 인터넷으로 잠깐 검색하더니 "비슷하네요. 중국이나 일본에서는 달 속의 그림자를 토끼라고 생각하고 다른 나라는 거북이라고 생각하기도 하네요. 왜 달에 토끼가 있을 거라고 생각했을까요?"라고 물어서 나는 또 되물어 주었다. "옛사람들의 생각에 달은 어떤 의미일까?" 그러면서 아이와 나는 옛사람들의 토테미즘에 대해서와 다른 이야기로 계속 재미있게 이어나갔다. 가정에서든 학교에서든 아이가 자기 생각을 이렇게 편안하게 자유롭게 이야기하려면 이렇게 아이의 생각을 존중하여 펼칠 수 있도록 무엇이든 개방적으로 받아들이는 자세가 가장 중요하다.

하루에 하나, 실천 하브루타

밤하늘에 달이 뜬 날 아이와 함께 보며 "저 달에 비치는 모양은 무엇일까?"부터 질문을 시작하여 대화해봅시다. 대답에 또 다른 질문을, 아이의 질문을 되물어주며 대화를 해봅시다. 아이의 상상력이 시작되고 새로운 이야기가 창작되는 즐거운 시간이 될 것입니다.

📖 하루 10분 재미있는 하브루타 생각 습관, 이렇게 해봐요

다음에 소개된 질문카드에 적혀 있는 질문은 어떤 책이나 그림에도 적용하여 토론할 수 있는 내용입니다. 질문은 같지만 각 질문마다 대답하는 사람은 다양한 이야기를 하므로 재미있고 많은 것을 배우게 됩니다.

1. 한 면에는 번호를 ①~⑧까지 씁니다.

2. 뒷면은 카드에 적힌 질문을 씁니다.

3. 번호가 앞이 되도록 놓습니다.

4. 4명이 한 팀이 되어 2장씩 가져갑니다.

5. ①번 카드를 가진 팀이 뒷면에 적힌 질문을 하고 나머지 3팀이 돌아가며 대답합니다.

6. ②번 카드를 가진 팀이 질문하고 그 외 사람이 대답합니다. 같은 방법으로 ⑧번까지 합니다.

7. 중간에 다른 사람이 끼어들지 않습니다.

독서토론 카드 활용법

– 가위바위보를 하여 1장씩 가져갑니다.

– ①번 카드 가진 사람이 뒷면의 질문을 합니다.

① 느낌	② 경험
③ 재미	④ 궁금
⑤ 중요	⑥ 베껴 쓰기
⑦ 주제	⑧ 소감

(앞면)

- 질문자 외의 3명이 돌아가며 질문에 답합니다.
- 같은 방법으로 각 번호에 있는 질문에 대해 생각을 이야기합니다.

이야기를 읽고 전체적인 느낌을 말해봅시다.	이야기와 같은 경험이 있으면 이야기해 봅시다.
가장 재미있는 장면이나 내용은 무엇인가요?	가장 궁금한 장면이나 내용은 무엇인가요?
가장 중요하다고 생각하는 것은 무엇인가요?	이 이야기에서 베껴 쓰고 싶은 문장을 말해봅시다. 그 이유는 무엇인가요?
이 이야기의 작가가 우리에게 주는 메시지(주제)는 무엇일까요?	이 이야기에 대한 토론으로 알게 된 생각과 느낌을 이야기해봅시다.

(뒷면)

3장

아이의 자존감을 높여주는
하브루타 독서법

01 부모부터 솔선수범 먼저 독서하라

어린이에겐 비평가는 필요 없고 본보기만 필요하다.
— 조 버트(영국의 뮤지션)

어린 시절에는 부모의 모습과 언행을 그대로 따라 한다

학교에서 학부모 독서토론 동아리를 월 2회씩 운영하고 있다. 7~9명의 어머니가 모여 우화부터 시작하여 질문을 만들고 토론을 한다. 3회째에 운영하던 때, 한 어머니가 자신이 이 동아리에 참여하면서 생긴 변화를 이야기했다. 아이들 뒷바라지와 가정일 등으로 하루하루가 바쁜데 그래도 토론에 참여하려면 책을 읽어 와야 해서 저녁 식사 후, 또는 잠자기 전 짬짬이 책을 읽게 되니 아이가 "무슨 책이에요?" 하고 묻기도 하고, 어떤 책인지 살펴보기도 하더니 어느새 아이들이 책을 들고 엄마처럼 앉아 읽더라는 것이다. 그 모습에 자신도 깜짝 놀라 아이들이 본 대로 배운다는 것을 알고는 있지만 실감하지 못했는데, 정말 부모가 제대로 잘해야겠다는 생각을 했다고 한다.

OECD경제협력개발기구, Organization for Economic Cooperation and Development 연구에서 국적이나 부모의 경제적 소득과는 상관없이 부모가 책 읽는 모습을 보이면 따라 할 가능성이 크다는 결과를 발표했다. 이것은 인간의 뇌에 거울 뉴런이 모방하도록 되어 있기 때문이다. 특히 어린 시절에는 부모의 모습과 언행을 그대로 따라 한다. 우리의 뇌는 자기와 가까운 타인이 행동하는 것에 집중하게 되며 어떤 행동을 하게 되는 동기가 된다고 한다. 하버드 의과대학의 니콜라스 크리스타키스 박사가 약 12,000여 명을 32년간 추적하여 연구한 결과 주변에 자기와 가까운 사람이 비만이면 자신이 비만이 될 확률이 37%로 높다고 했다. 형제가 비만이면 내가 비만일 확률이 40%, 친구가 비만이면 57%로 높다. 흥미로운 것은 친숙한 지인이 같이 살지 않고, 먼 곳에 있어도 거리와 상관없이 자신이 비만이 될 확률이 높다는 것이다.

인간은 모방의 동물이다. 유년시절의 자녀가 소꿉놀이로 엄마처럼 인형을 업고 아버지처럼 넥타이를 매는 모습, 엄마나 자녀에게 하는 말 그대로 따라 하는 것만 보더라도 모방의 파급력과 아이에게 보이는 모습과 환경의 중요성을 알 수 있다. 자녀가 현명하기를 바란다면 당장 부모가 먼저 책을 들어야 한다. 말로서 책 읽는 행동을 가르칠 수는 없다. 세계 1위의 교육열을 자랑하는 우리나라 부모가 진정으로 자녀가 잘되기를 바란다면, 학원에 잘 가도록 원하기보다 지금 당장 손에 책을 드는 습관이 더 많은 도움이 될 것이다.

우리는 왜 책을 읽는가? 책을 읽으면 모르는 것을 알게 되어서 읽는다? 지식과 정보를 얻기 위해 책을 읽는 시대는 지났다. 인간의 지능으로 할 수 있는 사고, 학습 등 컴퓨터가 다 해내는 인공지능AI과 사물 인터넷의 이용으로 언제 어디서나 검색과 활용이 가능하다. 다가오는 미래 사회는 소통과 공감, 관계의 시대라고 한다. 책도 하나의 소통의 도구라는 것이다. 저학년을 대상으로 가정에서 정기적으로 가족 독서토론을 하도록 안내한 적이 있다. '효녀 심청'으로 질문을 만들고 서로 대화하고 그 소감을 적어오도록 했다. 학부모들이 적어온 소감을 보면 이렇다.

'이야기를 읽지 않고 대화했다면 어떻게 아이들의 생각과 마음을 알 수 있었을지 모르겠다. 이야기와 관련된 질문과 대답으로 자연스럽게 아이들이 평소에 갖는 생각까지 서로 알 수 있어 좋은 시간이었다.'

일상생활 중에 "생명에 대해 어떻게 생각하니?"라고 물으면 누구라도 대답하기가 당황스럽다. 그러나 책을 매개로 하여 서로 질문하고 대답하는 과정에서 자연스럽게 생각이 오고 가고 다양한 감정을 나누게 된다. 독서는 소통의 매체이다.

부모가 독서하는 단지 자녀가 따라 하게 하려고 하는 것만은 아니라 이와 같이 대화를 열 수 있는 소통의 도구가 되어주기 때문에 더더욱 읽어야 한다. 얼마 전 내가 참여하는 독서토론 동아리에서 『나미야 잡화점의 기적』을 읽고 토론을 하게 되었다. 예전에도 읽었지만 혼자 읽었을 때와 토론을 한 후의 차이는 확연하게 달랐다. 내가 생각하지 못한 관점과 관심 영역들에 대해 듣고 나누게 되어 더욱 풍성한 생각을 하게 되어 좋았다. 그래서 내 아이들에게도 좋은 느낌을 전하며 책을 추천했다. 딸이 읽고 아들에게 이어 전해주었다. 읽고 나서는 식사하면서 또는 함께 산책하면서 자연스럽게 책 속의 이야기가 이어져 궁금한 것을 질문하기도 하고 진로와 사랑, 삶에 대해 깊이 있게 대화를 했다. 이처럼 마음을 열게 해주는 소통의 다리가 되어 주니 가족이 모두 독서 문화에 젖어들 필요가 있다.

독서는 결국은 습관의 문제이다

특히 아이들이나 읽는 책으로 알고 있는 전래 동화로 가족 토론을 했더니 많은 학부모가들이 이렇게 말했다.

"어린이용으로 알았는데 토론해보니 전래 동화들이 지금의 모습과 동떨어진 것도 아니고 질문과 대답을 할수록 책 속의 의미들이 많고 재미있고 생각할 것들이 많아 좋아요."

『흥부전』에는 형제간의 우애와 개인의 욕심, 생명에 대한 존중과 보호 등 우리가 살아가는 모습과 밀접한 이야기가 있다. 또 질문과 대답 속에서 가치관을 정립해나가는 시간이 된다. 『효녀 심청』의 이야기도 아이들과 함께 읽고 토론할 때에도 마찬가지다.

'심 봉사는 왜 지키지도 못할 약속을 했을까?'
'스님은 왜 심 봉사를 구하고 그렇게 많은 공양미를 요구했을까?'

이러한 질문들에서 다음 질문이 나왔다.

'약속을 못 지키게 되면 어떻게 해야 할까?'
'대가를 바라고 누군가를 돕는 것을 어떻게 생각하는가?'

현실적인 문제인 양심과 도덕, 사회적 기술과 같이 삶과 연관된 토론이 이어졌다.

미래의 4차 산업 혁명 시대에는 정보의 유통기한이 짧다. 홍수처럼 쏟아지는 새 정보를 선택하고 재구성하기 위해서는 종합적인 사고력이 필요하고, 그 바탕에는 정보를 읽는 능력이 필수이다. '2017 국민 독서 실태조사'에서 우리나라 성인 10명 중 4명은 1년에 단 1권의 책도 읽지 않는 것으로 조사됐다. 40%가 넘는 성인이 지난해 단 한 권의 책도 읽지 않았다는 것이다. 이는 동일 조사로 진행한 자료 중 1994년 이후 가장 낮은 수치이며 이전 조사인 2015년 당시보다도 낮다. 평소 독서를 잘 못하는 원인으로 성인과 학생 모두 '시간 부족'이라고 했다. 일과 학교생활, 학원 때문에 시간이 부족하다는 것이다.

유대인에게 있어 독서와 공부는 날마다 하는 기도와 같이 생활 습관이다. 신의 율법을 잘 지키기 위해서는 잘 알아야 하기 때문이다. 그래서 기도와 같이 날마다 평생토록 공부한다. 시간 부족도 일리가 있는 말이지만 결국은 습관의 문제이다. 나도 책을 좋아하지만, 마음만큼 잘 읽어지지 않던 시절이 있었다. 그런데 아이들과 함께 자기주도 학습을 하면서 아침에 눈을 뜨면 바로 10분씩, 저녁에 자기 전에 10분씩 독서로 정해놓고 꾸준히 했다. 어느 날부터는 자동으로 책을 들고 있는 자신을 발견하게 되었다. TV를 본다고 해도 TV를 켜기 전에 먼저 10분 책을 읽거나 식사 후 차 마시는 시간에 함께 책을 보는 등 '책 시간'을 정하는 것이다. 매일 아침저녁으로 10분씩 읽는다면 아이들도 그 모습을 무의식적인 습관으로 형성하게 될 것이다. 그리고 독서 리스트도 일주일 단위의 목록으로 무엇을 읽을 것인지 미리 작성하니 부담이 없었다. 아이들이 보는 책부터 함께 읽어보면 소통의 도구가 생겨 자연스럽게 대화를 이어갈 수 있다.

하루에 하나, 실천 하브루타

가족끼리 '식사시간'처럼 10분씩 '책 시간'을 정해보아요. 토론을 통해 언제가 좋은지 아이들의 생각과 이유를 존중하며 정해봅시다. 함께 하면 지키기가 쉬워요. 그리고 일주일에 1권이든 2권이든 무엇을 읽을 것인지 미리 정하여 준비하면 '책 시간' 실천은 생각보다 어렵지 않아요.

02 인문고전 독서는 생각의 힘과 인성을 길러준다

내가 인생을 알게 된 것은
사람과 접촉한 결과가 아니라 책과 접촉한 결과이다.
– 아나톨 프랑스(프랑스의 소설가)

고전은 깊이 있는 생각과 근본적인 질문을 하도록 이끌어준다

중학생 독서동아리 캠프를 운영할 때의 일이다. 다양한 책들을 토론하면서 그중에 최치원의 「새벽에 홀로 깨어」를 읽고 토론한다는 말에 학생들의 반응이 좋지 않았다. 시도 좋아하지 않는데 옛 위인의 시라니! 이해도 못하는데 어떻게 토론이 가능하겠느냐고 원성이 대단했다. 그러면서도 학생들은 몇 번을 읽어왔다. 그리고 토론을 하고 나서는 그들 자신에 대해 더 놀라워했다. '지금 문명의 시대 사람들은 옛날 사람보다 더 행복한가?'라는 질문은 '편리함은 다 행복한 것인가?'라는 또 다른 질문이 되었다. 더 발전하여 '진정한 행복은 어떤 것인가'에 대해 깊이 있는 토론시간이 되었다. 이렇게 베스트 셀러나 재미 위주의 책과는 달리 고전 도서는 자연스럽게 삶의 문제와 연결되어 자신은 어떤 가치로 살아갈 것인가에 답하게 한다. 또 메시지 찾기 활동에서 학생들은 '자연과 가까이 살아라.'라는 메시지를 준다고 했다. 또 한 학생은 "당나라로 유학 간 통일 신라 시대의 학자이고 「토황소격문」을 쓴 설득의 문장가로만 알았는데 그의 인정받고 싶어 하는 욕구가 자연을 노래하는 시에 다 담겨 있어 안타깝기도 했다."라고 말하기도 했다.

학교에서 위인과 역사는 업적과 사건 위주로 설명하고 강의하는 수업을 한다. 그것은 의미 없는 지식에 불과하다. 이렇게 시 한 편으로도 역사 속의 인물이 한 생각과 업적을 마음으로 느끼며 공부할 수 있게 하는 것이 고전이다. 이렇게 고전은 깊이 있는 생각으로 이끄는 가교가 되고 삶이 무엇인지, 어떻게 살아야 하는지 인간의 근본적인 질문을 하도록 이끌어준다. 다음은 최치원의 「새벽에 홀로 깨어」로 토론을 한 후 참여한 한 학생의 소감을 옮겨 적은 것이다.

『새벽에 홀로 깨어』라는 책으로 독서토론을 했다. 이 책은 정말 보자마자 한숨이 나왔다. 내가 모르는 말이나 시들이 많이 나올 것 같아서 '내가 과연 다 읽고 갈 수 있을까?'라는 생각이 들었으며 나에게는 너무 지루했다. 선생님께서 최소 2번 읽으라고 하셨지만, 사실은 한 번만 읽었었다. 토론하기 전부터 토론을 시작한 후에도 계속 '뭐가 재미있었지? 뭐가 궁금했지?' 하고 속으로 정말 많은 고민을 했었다. 그렇지만 점점 친구들과 선생님께서 이러한 게 재미있었고 궁금했다며 생각을 나누고 책을 찾다 보니 처음 읽을 때는 그냥 넘어가고 말았던 부분들이 눈에 보이기 시작했다.

한 번 읽긴 했지만 새로웠던 부분들이 정말 많았다. 그렇게 찾다 보니 나는 '38쪽의 옛 뜻에서 변신은 외려 쉽다 하고 양심을 지키기는 것이 가장 어렵다고 한 이유는 무엇일까?' 궁금증을 갖게 되었다. 또 무언가에 얽매이지 않고 삶을 살아가는 것이 가장 중요하다는 것이 작가가 우리에게 주는 메시지라고 생각했다.

그리고 94쪽의 역적 황소에게 보낸 격문에서 '모든 일이란 마음에 달려 있어 그 옳고 그름을 분별할 수 있는 것이다.'와 '사람의 일 중에 자기 자신을 잘 아는 것만큼 중요한 일은 없다.'라는 부분이 가장 기억에 남아 베껴 쓰기를 하고 싶은 부분이었다.

180쪽은 내가 알고 있는 선덕여왕의 이야기가 나와서 좋았다. '현대인들은 고대인보다 행복한가?'라는 질문에도 '여러 가지가 발달하여 육체적으로는 행복하고 편리할지 모르겠지만, 정신적으로는 아픈 사람들이 점점 늘어나고 있어 고대인보다 현대인들은 행복하지 않은 것 같다.'라고 답을 할 수 있었다.

『새벽에 홀로 깨어』 이 책은 처음에 정말 정말 읽기 싫다는 생각만 가득했었고 읽고 난 후에도 정말 고민이 많았었다. 그러나 독서캠프와 토론을 통해 평소에는 읽어보지 않았을 책을 읽을 수 있었다. 읽었어도 나 혼자만 읽고 넘겼으면 정말 기억에 하나도 남지 않았을 텐데 독서토론을 통해 무심코 넘겼던 부분들을 다시 한 번 볼 수 있게었고, 또한 깊이 생각해볼 수 있었던 좋은 기회를 가지게 되었다.

인문고전을 읽고 사유해야 하는 이유에 대해 이어령 교수는 빵과 케이크에 비유하여 설명했다. 생일이 되면 왜 빵이 아닌 케이크를 사 와서 축하할까? 배고플 때 먹기 위해 빵을 사지만 케이크는 나를 위해서든 남을 위해서든 먹는 것보다는 축하의 의미로 산다. 케이크는 그만큼 상징적인 의미를 갖고 있다. 인문고전을 읽는 것은 먹는 것을 떠나 우리가 생일 케이크를 사서 자신의 존재에 대한 축하와 의미를 되새기는 것과도 같다. 초에 불을 켜고, 노래 부르고 박수를 치며 축하하는 이유가 무엇일까? 우리가 늘 해오면서도 생각하지 않았던 일에 대해 의문을 가지고 사고하는 것, 알고 있는 것에 대한 의심과 질문 이것이 고전의 독서에서 하게 되는 것이다.

유대인들은『토라』와『탈무드』, 2가지 고전을 평생 읽고 토론한다.『토라』는 '던지다.', '길을 가리키다.'는 뜻을 가지고 있으며 성경의 내용을 담고 있다.『탈무드』는 '배우다.', '연구'라는 뜻으로 유대교의 율법이나 축제와 전통 등 총체적인 문화를 담고 있다. 유대인들은 이 책들을 매일 가족과 함께 읽고 토론한다. 끊임없이 내용에 대해 자녀가 질문하게 하고 스스로 해답을 찾아가도록 한다. 하브루타는 유대인들의 대화 문화이다. 우리나라에서도 하브루타에 대한 관심이 많아서 『탈무드』로 토론하는 예가 많다. 물론 지혜가 들어 있으며, 세계 각지에 뿔뿔이 흩어져 있음에도 불구하고 세계의 정치, 경제, 과학 등에서 이끌어가는 위인들을 배출하도록 하는 내용이다. 그러나 우리나라와 역사나 문화적 배경이 다르다. 『탈무드』가 아니어도 우리나라의 인문고전도 생각을 열고 깊이 있는 토론을 할 수 있는 책들이 많다. 특히 속담과 격언, 고사성어로 질문을 만들어 토론하면 여태껏 생각하지 못한 발견을 하기도 하고, 철학적 사유를 할 수 있다.

초등학교 저학년 학생들과 『흥부전』으로 토론했을 때, 자녀에 대한 흥부의 책임감, '언제나 착한 행동은 좋은 것인가?'로 생각을 나누었는데 이 시간을 통해 무조건 '서로 양보하라'고 가르치는 것은 옳지 않다는 결론까지 가게 되었다. 자녀 간에 혹은 친구 간에 다툴 때 우리는 흔하게 '양보하라'고 가르친다. 그러나 '왜 양보해야 하는가?'에 대해 진지하게 아이들과 생각을 나누는 예는 잘 없다. 누군가가 '해라'고 시키는 지시, 훈계는 아이들에게 설득력이 없다. 고전을 통해 끊임없이 질문하고 되묻고 대답하며 왜 그래야 하는가를 스스로 설득되어야만 진정한 삶의 지혜로서의 '양보'가 실천될 것이다.

어려워도 고전을 읽고 토론하는 방법을 안내해야 한다

성공하는 사람 중 15%는 자신의 전문성으로 성공했고 85%에 해당하는 사람들은 대인관계의 기술이 월등히 뛰어나 자신의 꿈을 이루고 성공적인 삶을 살고 있다는 연구 결과가 있다. 대인관계를 잘 맺는다는 것은 상대에게 호감을 주고 존중하고 배려하는 능력이 높다는 의미이다. 인문 고전을 읽고 토론을 하면 질문은 궁극적으로 자신과 타인의 삶을 어떻게 풍요롭게 할 것인가이고 이것이 곧 인성교육의 목표이기도 하다. 나는 『논어』을 읽고 독서토론 모임의 여러 회원과 토론하면서 내 삶의 지표를 찾기도 했다. '옹야' 편에 보면 이런 구절이 있다.

"염구가 말했다. '선생님의 도道를 좋아하지 않는 것은 아니지만, 제 능력이 부족합니다.' 공자께서 말씀하셨다. '능력이 부족한 자는 도중에 가서 그만두게 되는 것인데, 지금 너는 미리 선을 긋고 물러나 있구나.'"

'획劃'의 글자를 음미하면서 어떤 일에 부딪혀 힘들거나 포기하고 싶거나 할 때면 이 문구를 떠올린다. 해보지도 않고 한계를 지으려 하지 말고 해보려는 의지를 갖게 되었다. 또한, 다른 사람이나 학생들을 볼 때도 능력과 마음에 미리 선을 긋지 않으려고 노력한다.

5학년 학생들과 이이의 『격몽요결』을 읽고 토론했을 때 한 학생이 '접

인장' 편에서 '남의 단점은 힘써 감춰주어야 한다. 만일 이것을 폭로시켜 드러내면 자기의 단점으로 남의 단점을 공격하는 일이 된다. 사람이 완고한 점이 있으면 이것을 잘 일깨워서 고치도록 해야 한다. 만일 그렇지 않고 이것을 분하게 여기고 미워한다면 이는 자기의 완고함으로 남의 완고함을 책망하는 결과가 될 것이다.'는 구절을 들면서 "친구에게 화내고 탓을 하면 결국 누워서 침 뱉는 거네요." 하면서 자기 성격은 생각 안 하고 친구에게 탓만 했던 것 같다고 되돌아보게 된다고 했다. 이것이 토론 속에서 자신의 마음을 닦아가는 자연스러운 인성교육이 아닌가!

중국에 씨를 뿌리고 물을 주고 가꾸어도 아주 작은 순만 올라와 그대로 있을 뿐인 나무가 있다. 그런데 5년여 정도 지나고 나면 갑자기 25미터 높이로 하루가 다르게 성장한다. 이 나무가 모소라는 대나무이다. 물이 끓는 데도 임계점이 있듯이 5년여 동안 겉으로 자라지는 않지만, 뿌리가 튼튼하게 자라며 성장의 시기가 될 때까지 기다려야 한다. 이처럼 고전을 읽고 아이가 바른 인성을 갖고 생활하는 것은 며칠 혹은 몇 개월 만에 나타나지 않는다. 콩나물 사이로 빠져나가는 물을 꾸준히 주듯이, 눈에 보이지 않지만 꾸준하게 고전을 읽고 토론하는 과정이 필요하다. 지속적으로 읽고 끊임없이 질문과 대답을 해나가면 어느새 탄탄한 자기의 가치관과 타인을 배려하는 인성을 갖추게 될 것이다. 부모님들은 '아이가 어린데 고전을 읽고 토론할 수 있겠냐'고 묻기도 하고, '낱말이나 내용

지속적으로 읽고 끊임없이 질문과 대답을 해나가면 어느새 탄탄한 자기
의 가치관과 타인을 배려하는 인성을 갖추게 될 것이다.

이 어려우니 만화나 쉽게 풀이된 책을 주면 어떻느냐고 묻기도 한다. 약은 써도 건강이 회복되기 위해 어른이든 아기든 먹어야 한다. 이처럼 고전도 바른 마음을 길러주고 지혜를 갖게 해주는 것이라면 어려워도 과정을 아이가 이해할 수 있는 수준으로 맞추는 것이 필요하다. 이것도 아이마다 특성이 다르니 접근하기가 쉽다면 만화로 된 고전이나 쉽게 풀어서 쓴 책으로 첫발을 내딛는 것도 필요할 것이다.

하루에 하나, 실천 하브루타

고전은 말 그대로 옛 선조의 지혜가 담긴 책입니다. 『토끼전』, 『심청전』, 『꽃들에게 희망을』 등 우리가 쉽게 접하는 책부터 한 권을 선택하여 읽고 함께 궁금한 것을 질문으로 만들어보고, 답해보고, 그렇게 생각한 이유에 대해 나누어보면 어떨까요?

03 하브루타 독서법에서 질문이 가장 중요하다

'어떻게'를 아는 사람은 반드시 일을 찾을 것이다.
'왜'를 아는 사람은 반드시 성공할 것이다.
– 다이안 라비치(미국의 교육자)

질문은 세상을 바꾸고 발전하게 하는 '변화'의 시작이다

하브루타 독서법은 짝을 이루어 읽은 책에 대해 질문하고 대화하며 논쟁하는 것을 말한다. 짝은 친구끼리, 가족끼리, 형제끼리 누구와도 가능하다. 하브루타 독서토론에서 가장 중요한 것은 질문이다. 어떤 이야기로 논쟁하게 되는가를 결정하는 것은 질문이기 때문이다. 질문은 생각을 여는 문이다. 우리는 말을 할 때 서술하거나 묻거나 둘 중의 한 가지를 한다. 글도 마찬가지이다. '그 문은 늘 닫혀 있다.'라는 서술형 문장이 있다고 하자. 이 문장은 문이 늘 닫혀 있다는 정보를 줄 뿐이다. 서술형은 문장 의미에 대해 단정적이고 폐쇄적이다. 그러나 이 문장을 질문으로 바꿔보자. '왜 그 문이 닫혔을까?', '그 문은 왜 늘 닫혀 있을까?', '그 문을

열면 무엇이 있을까?', '그 문을 늘 닫는 사람은 누구일까?' 등 이런 질문
은 무궁무진한 정보를 끌어오게 한다. 많은 상상을 하게 하고 그 문이 닫
히지 않게 하는 방법을 생각하도록 한다. 이것이 질문의 힘이다. 토론 연
수 중 한 학부모님이 말했다.

"아이에게 책을 읽어주면 계속 책 내용에 대해 질문을 해서, 아이가 내
용을 잘 이해하지 못해서 자꾸 물어본다고 생각하고 걱정했어요. 속상하
기도 했는데 제가 잘못 알고 있었네요. 아이는 열심히 궁금한 것을 질문
한 것이었는데…… 아이에게 미안하고 부끄럽네요."

질문에 대해 제대로 아는 것만으로도 부모의 태도는 달라진다. 아이는
책 내용을 들으며 궁금한 것을 질문함으로써 적극적인 사고를 하고 있는
것이다.

질문은 새로운 아이디어로 세상을 바꾸고 발전하게 하며 역사를 창조
하는 '변화'의 시작이다. "왜?"라는 질문을 통해 다양한 정보들이 연결되
어 새로운 정보로 재구성된다. 또한, 질문은 해결이고 답이다. 질문하면
그 질문에 대한 답, 즉 해결책이 나오게 되기 때문이다. 예전의 독서법이
라면, 책을 읽고 그 내용을 아는지 모르는지 확인하는 퀴즈식 문제에 답
하는 활동을 했을 것이다. 그렇게 되면 책의 내용을 그저 달달 외우게 된

다. 그리고 답을 적으면 그만이다. 책과 나는 아무 관계 없이 지식만 머릿속에 넣는 것이 된다. 그러나 책을 읽고 아이 자신이 스스로 질문을 만들게 하고 질문에 대한 답을 서로 토론하는 시간을 가졌다. 아이들은 책에 나타나지 않는 배경이나 성격을 짐작하기도 하고 자신이라면 어떻게 할지 새로운 아이디어도 내고 창의적으로 재구성하고 있었다.

질문한다는 것은 자기 스스로 생각하고 질문을 만드는 일이기 때문에 자기 주도적 독서법이다. 책을 읽고 그중에 자기가 궁금한 것을 찾아 '자기 언어'로 표현하게 된다. 그리고 그 질문에 대해 짝을 이룬 친구들과의 대화를 통해 답을 찾게 되므로 '스스로 공부법'이라 할 수 있다. 지금 교육현장에서는 '어떻게 가르치는 것이 효과적인가?'에서 '아이들은 언제 어떻게 배우게 되는가?'로 관점이 옮겨지고 있다. 가르친다고 아이들이 그 내용을 다 받아들이고 이해하는 것은 아니다. 그래서 아이들이 어떤 상황에서 '스스로 배우게 되는가?'에 관심을 가지고 연구한다. 배움은 관찰자처럼 듣고 가만히 있을 때보다 자기가 참여하여 활동할 때 더 효과적으로 기억하고 자기 것이 된다.

하브루타 독서법은 아이들이 책 내용에서 스스로 질문을 찾아 만들고 그에 답하는 과정을 통해 이해하고 창의적인 사고를 하게 되는 것이다. 자신이 만든 질문이기 때문에 잘 알고 왜 그 질문을 만들었는지도 알고 있다. 수업시간에 2학년 아이들과 책을 읽고 질문 만들기를 해보면 가만히 앉아 있는 아이는 아무도 없다. 모두 질문을 만들거나 어떤 것을 질문으로 만들지 고민하고 생각한다. 적극적이고 능동적인 사고 활동으로 책에 빠져든다는 것이다. 질문은 선택이고 학습의 동기가 되므로 중요하다. 어른이든 아이든 어떤 일을 재미있고 적극적으로 하는 것은 자발성이 있을 때이다. 지금까지의 우리 교실의 현장은 같은 책을 펴고 같은 내용을 읽고 쓰고, 책에 있는 같은 질문에 답을 한다. 그 질문의 답도 획일적으로 한 가지만 정답이라고 한다. 선택권이 없는 획일적인 수업에서 어떻게 다른 생각을 가진 창의적인 아이로 자랄 수 있을까?

질문은 생각 근육을 만든다

질문한다는 것은 선택이다. 같은 책을 읽어도 궁금한 부분은 각자 다르다. 따라서 만드는 질문도 다르다. 자기가 궁금하거나 알고 싶은 부분에 대해 각양각색의 질문을 만든다. 그리고 질문들은 개개인의 다양성과 취향을 보여주기도 한다. 자신이 만든 질문이기에 적극적으로 묻고 답하는 자발적인 활동으로 이루어진다. 그러니 재미있게 참여한다. 수업시간에 만든 질문지를 들고 여러 친구를 만나면서 서로 답하는 활동을 한다. 겉으로 보기에는 자유분방하게 시끌벅적 떠드는 것처럼 보이지만 자세히 들여다보면 진지하게 자신의 생각을 이야기하고 있다. 질문은 '메타인지'의 시작이다. 메타인지란 자신이 무엇을 아는지 모르는지를 자각하는 능력을 말한다. 책을 읽고 자신이 궁금한 것, 알고 싶은 것 즉 모르는 것에 대해 질문을 만든다. 읽은 책의 내용에 대해 무엇을 아는지 모르는지를 알고 있다는 뜻이다. 그래야 질문을 할 수 있기 때문이다.

질문은 만남이고 소통이다. 우리나라에서는 조용한 독서, 조용한 도서관이 아름다운 미덕으로 여겨져왔다. 지금까지 우리는 '혼자 독서'를 많이 해왔다. 동양의 학습 방법은 대대로 혼자 수십, 수백 번 반복해서 책을 읽으며 내용을 이해해왔다. 책은 왜 읽는가? 혼자의 인생을 위해 읽는 것이 아니다. 책을 읽어 자신의 삶도 늘 새로워지고 그 새로움은 또 주위의 사람들과의 행복으로 이어지기 위함일 것이다. 이렇게 볼 때 책을 읽고 질문을 만들어 함께 토론하는 것은 책을 매개로 하여 타인과 만나 생각을 나누고 삶에 대해 함께 소통하는 일이다. 학생들과 학부모, 교사 대상으로 하브루타 토론을 운영하고 소감을 물어보면, 질문을 통해 다른 사람들의 생각을 알 수 있어서 좋았다고 말하는 사람이 가장 많았다. 나의 생각도 중요하지만 다른 사람의 생각도 중요하다. 이러한 생각들을 만나게 하는 것이 질문이므로 질문은 소통이다.

가족 독서토론을 아이들 각 가정에서 해보도록 한 적이 있다. 『심청전』으로 질문을 만들고 서로 대화하고 그 소감을 적어오도록 했다. 학부모들은 '이야기를 읽고 질문을 통해 서로 답하는 과정이 없었다면 아이들이 어떤 생각을 하는지 알 수 없었을 것이라고 하며 뜻깊은 시간이었다.'고 했다. 일상생활 중에서 "생명에 대해 어떻게 생각하니?"라고 물으면 누구라도 대답하기가 당황스럽다. 책을 매개로 하여 질문에 서로 답해야 하고 대화를 통해 서로의 생각을 알게 되는 매개가 되니 질문은 소통이다. 또한, 서로의 다른 생각들을 알게 되고 존중해주게 되니 서로의 삶과의 만남이기에 중요하다.

질문은 생각 근육을 만든다. 책의 내용을 그대로 기억하는 것이 아니라 질문을 만들려고 하면 일단 여러 가지 생각을 하게 된다. 다양한 정보가 연결되고 질문에 대해서도 대화하는 과정에서 근거를 찾게 되고 확산적이고 논리적인 사고를 하게 된다. 이러한 하브루타 질문 공부는 속담 책이나 짧은 우화를 통해서도 당장 시작할 수 있다. '우물 안의 개구리'라는 속담으로 질문을 만들어보자. '우물은 얼마만큼 깊을까?', '개구리가 빠진 것일까? 처음부터 살았을까?' 등 다양한 질문을 만들고 그에 대해 아이와 함께 대화해보자. 한 구절의 속담으로도 무궁무진한 이야기와 상상과 해결책이 펼쳐지지 않는지 체험해보자.

하루에 하나, 실천 하브루타

'우물 안의 개구리'도 좋고 아이와 속담 한 가지를 선택하여 많은 질문을 만들어봅시다. 그 질문들에 대답하고 그렇게 생각한 이유를 말하는 과정은 아이들에게 즐거운 놀이가 됩니다.

책을 매개로 하여 질문에 서로 답해야 하고 대화를 통해
서로의 생각을 알게 되는 매개가 되니 질문은 소통이다.

04 하브루타 독서 질문 만드는 법

> 좋은 질문법은 무엇을 질문하는가가 아니라,
> 어떤 방식으로 적절하게 질문하는가를 아는 것이다.
> – 제임스 파일 · 메리앤 커린치(『질문의 힘』 공저자)

서술문을 의문문으로 바꾸기만 해도 생각들이 펼쳐진다

아이들이 학교에 갈 때 우리나라의 부모들은 한결같이 "선생님 말씀
잘 들어라.", "학교 수업 잘 들어라."라고 말한다. 나도 우리나라 어머니
에서 그리 벗어나지 못한다. 나도 처음에는 그렇게 말했다. 아이가 학교
에서 돌아오면 "수업 잘 들었니?", "선생님 말씀 잘 알아들었니?"라고 물
어본다. 말하기보다 듣기에 충실한 것이 우리가 가르쳐 온 미덕이다. 교
실 현장도 마찬가지다. 수업 후 "질문 있나요?" 또는 "질문해봅시다."라
고 해도 질문자가 없다. 그만큼 우리는 질문에 익숙하지 못한 문화 속
에 있다. 그리고 질문한다는 것 자체도 어려워한다. 그러나 유대인 부모
는 학교에서 오는 자녀에게 이렇게 묻는다. "오늘은 어떤 질문을 했니?",

"오늘 배운 그 내용에 대해 네 생각은 어때?" 그들은 '질문하는 법'을 가장 중요하게 여긴다. 자녀와 대화하는 시간을 매우 중요하게 생각하며 식사 시간도 교육의 일부로 여긴다. 이렇게 자기만의 생각을 하도록 허용하며 끊임없이 질문을 주고받는다. 문화가 이렇게 다르니 우리가 질문하는 것도 만드는 것도 낯설고 어렵게 생각하는 것도 당연하다. 이들에게 있어 '질문과 대화'는 하나의 문화이고 어릴 때부터 끊임없이 언제 어디서나 반복해온 습관이다.

세계에서 0.25%의 인구와 45위의 지능으로 노벨 수상자의 30%를 차지하고, 하버드 재학생의 30%를 차지하는 유대인들은 뱃속에 있을 때부터 죽을 때까지 가정과 학교, 직장 등 모든 삶의 공간에서 『토라』와 『탈무드』를 깊이 읽고 토론한다. 끊임없이 "마타호셰프네 생각은 어때?"라고 묻는다. 질문을 어떻게 할까? 우리는 배운 적이 없어 매우 어렵게 생각한다. 그러나 좋은 질문을 만드는 방법은 의외로 쉽고 단순하다. 다음 페이지에 이솝우화 「현명한 멧돼지」라는 이야기 중의 한 부분이 있다. 글을 읽고 그 아래 제시한 질문들을 보지 말고 먼저 만들어본 다음 자신이 만든 것과 다음의 제시된 질문을 비교해보자. 비슷하거나 같은 것도 있을 것이고 전혀 다른 질문도 있을 것이다. 그러면 우리는 생각한다. "내가 잘못 만들었네."라고.

마빈 토케이어는 "아이들이 던지는 모든 질문은 절대 그릇된 것이 없으며 오로지 어른들의 빈약하고 잘못된 답변만이 있을 뿐."이라고 말했다. "이렇게나 질문이 다양하고 다르게 만들어지는구나."라는 생각으로 더 많은 질문을 만들어보면 된다.

질문 만들기 방법 1 – 모든 문장을 의문문으로 바꾸라

가장 쉬운 질문 만들기는 모든 문장을 의문문으로 바꾸면 질문이 된다. 풀이하는 문장, 서술형 문장을 묻는 문장으로 바꾸면 된다. 즉 '~다.'를 '~까?'로 바꾸는 것이다. 다음의 글을 의문문으로 바꾸어보자.

화사하게 꽃이 피고 따뜻한 바람이 살랑살랑 불어오는 어느 봄날이었습니다. 대부분의 동물들은 들판 이곳저곳에 누워 낮잠을 즐기고 있었습니다. 그런데 멧돼지만은 큰 나무 아래에서 열심히 무엇인가를 하고 있었습니다. 멧돼지가 하는 일을 눈여겨보던 여우가 궁금해서 멧돼지의 옆으로 다가가 물었습니다.

"멧돼지야, 모두 낮잠을 자는데 너는 뭘 그렇게 열심히 하는 거니?"

"송곳니를 갈고 있어."

멧돼지는 잠시도 멈추지 않고 열심히 송곳니를 갈면서 여우에게 대답했습니다.

"이해가 안 되는걸? 이렇게 화창한 날을 즐기지도 않고 송곳니만 갈고 있다니? 좀 답답해 보이는구나."

화사하게 꽃이 피고 따뜻한 바람이 살랑살랑 불어오는 어느 봄날이었습니다.

→ 화사하게 꽃이 피고 따뜻한 바람이 살랑살랑 불어오는 어느 봄날이었을까?

대부분 동물들은 들판 이곳저곳에 누워 낮잠을 즐기고 있었습니다.

→ 대부분 동물들은 들판 이곳저곳에 누워 낮잠을 즐겼을까?

멧돼지만은 큰 나무 아래에서 열심히 무엇인가를 하고 있었습니다.

→ 멧돼지만은 큰 나무 아래에서 열심히 무엇인가를 하고 있었을까?

멧돼지가 하는 일을 눈여겨보던 여우가 궁금해서 멧돼지의 옆으로 다가가 물었습니다.

→ 멧돼지가 하는 일을 눈여겨보던 여우가 궁금해서 멧돼지의 옆으로 다가가 물었을까?

위와 같이 문장을 의문문으로 바꾸어보면 새로운 의문이 생긴다. 문장이 어색한 것도 있어서 다르게 표현하는 방법을 찾게 되고, 문맥상 궁금한 것이 나온다.

– 대부분 동물들은 왜 들판 이곳저곳에 누워 낮잠을 즐겼을까?

– 멧돼지만은 큰 나무 아래에서 열심히 무엇인가를 어떤 방법으로 하고 있었을까?

– 멧돼지가 하는 일을 왜 여우는 눈여겨보았을까?

– 왜 여우는 멧돼지가 하는 일이 궁금했을까?

– 여우는 멧돼지에게 무엇이라고 물어보았을까?

이렇게 좀 더 궁금한 것이 무엇인지 알 수 있도록 질문이 정교화 된다. 이것이 다음의 방법으로 질문을 만드는 방법이다.

질문 만들기 방법 2 – 육하원칙으로 질문을 만들어라

다음은 제임스 파일과 메리앤 커린치가 제시한 방법이다. 그는 "좋은 질문법은 무엇을 질문하는가가 아니라 어떤 방식으로 적절하게 질문하는가를 아는 것이다."라고 하며 육하원칙을 활용하여 질문을 만들라고 한다. 육하원칙은 '누가, 무엇을, 언제, 어디서, 왜, 어떻게'다. 특히 어려운 낱말, 개념을 묻는 질문도 매우 중요하다. "○○은 무엇인가?", "○○은 어떤 뜻인가?"부터 만들어보자.

화사하게 꽃이 피고 따뜻한 바람이 살랑살랑 불어오는 어느 봄날이었습니다. 대부분의 동물들은 들판 이곳저곳에 누워 낮잠을 즐기고 있었습니다. 그런데 멧돼지만은 큰 나무 아래에서 열심히 무엇인가를 하고 있었습니다. 멧돼지가 하는 일을 눈여겨보던 여우가 궁금해서 멧돼지의 옆으로 다가가 물었습니다.

"멧돼지야, 모두 낮잠을 자는데 너는 뭘 그렇게 열심히 하는 거니?"

"송곳니를 갈고 있어."

멧돼지는 잠시도 멈추지 않고 열심히 송곳니를 갈면서 여우에게 대답했습니다.

"이해가 안 되는걸? 이렇게 화창한 날을 즐기지도 않고 송곳니만 갈고 있다니? 좀 답답해 보이는구나."

여우는 도무지 알 수가 없다는 듯 다시 말을 걸었습니다. 그러나 멧돼지는 대꾸도 없이 묵묵히 송곳니를 갈았습니다.

"좀 한가롭게 쉬어도 되잖아, 남들은 다 자고 있는데 너는 왜 송곳니만 가는 거야?"

여우의 계속되는 질문에도 멧돼지는 아무런 반응이 없었습니다. 멧돼지의 무시에 슬슬 화가 나려고 하는 여우가 멧돼지에게 소리쳤습니다.

"어디 먹잇감이 나타난 것도 아닌데 왜 자꾸 이렇게 미련스럽게 구니?"

육하원칙 또는 6개의 의문사를 활용하여 다음과 같이 질문을 만들 수 있다.

- 왜 동물들은 들판에 누워서 낮잠을 즐길까?

– 멧돼지만 큰 나무 아래서 열심히 뭔가를 하는 이유는 무엇일까?

– 멧돼지가 하는 일을 눈여겨보던 이유는 무엇일까?

– 여우는 어떻게 하면 멧돼지와 놀 수 있을까?

– 여우는 왜 궁금해서 멧돼지 옆으로 다가가서 물었을까?

– 멧돼지는 언제까지 송곳니를 갈았을까?

– 왜 대부분의 동물들은 낮잠을 즐기고 있을까?

– 멧돼지는 무엇을 하고 있었을까?

– 멧돼지는 송곳니를 어떻게 갈까?

– 미련스럽다는 것은 무슨 뜻인가?

– 현명하다는 것은 어떤 것을 말할까?

– 멧돼지가 대답하지 않는 데 여우가 자꾸 묻는 이유는 무엇일까?

– 멧돼지와 여우는 어떤 사이일까?

– 멧돼지와 여우는 친구일까?

– 멧돼지는 언제까지 송곳니를 갈았을까?

– 멧돼지의 송곳니는 어떻게 생겼을까?

질문을 만들 때 주의할 점은 질문에 대한 답이 책 속에 나와 있고 누구나 답이 같다면 그것은 생각을 여는 질문으로 적합하지 않다. 예를 들어 '큰 나무 아래에서 열심히 무엇인가 하고 있는 동물은 누구인가?'이거나 '여우가 왜 송곳니를 가느냐고 멧돼지에게 물었을 때 멧돼지는 어떻게 했나?'라는 질문은 내용을 잘 알고 있는지 묻는 질문이다. 그렇다고 이런 질문들을 만든 아이에게 잘 만들지 못했다고 말하거나 주의를 시켜서는 안 된다. 질문으로 서로 대화하고 토론하다 보면 아이들 스스로 좋은 질문이 아니라는 것을 알고 다양한 생각을 나눌 수 있는 질문을 만드는 수준으로 발전하므로 그대로 수용하여 질문을 만들도록 한다. 개인별 또는 팀별 많은 질문 만들기 게임을 해도 즐겁고 재미있는 놀이가 된다. 특히 낱말의 뜻, 개념을 묻는 질문은 철학적인 가치관까지 서로 나누게 되는 깊은 질문이 될 수 있다.

- '현명하다.'는 것은 어떤 것인가?
- '미련한' 것은 어떤 상태를 말하는가?
- 내가 알고 있는 '미련한' 경험은 무엇인가?
- 내가 알고 있는 '현명한' 사람이나 행동은 무엇인가?

위와 같은 질문에 깊이 있게 서로 토론하다 보면 각자가 살아가야 할 가치를 스스로 깨닫게 되기도 한다.

질문 만들기 방법 3 – 다양한 답이 나오는 질문을 만들어라

내용을 묻는 질문도 창의적으로 다양한 답변이 나오는 질문으로 만들 수 있다.

– 재미있다고 생각한 부분은 어디인가? 왜 그렇게 생각하는가?

– 궁금한 부분은 어디인가? 왜 궁금하다고 생각하는가?

– 가장 중요하다고 생각한 부분은 어디인가? 왜 그렇게 생각하는가?

이렇게 질문하면 하브루타 토론을 하는 모든 부모와 아이가 다양한 생각을 이야기하게 된다. 이와 같이 짧은 내용으로도 수십 개의 질문을 만들 수 있다. 아이들은 더 기발한 질문을 생각해 낸다. 한 질문으로 답하면 그에 대해 또 질문하면 끝없이 토론할 수가 있다.

질문 만들기 방법 4 - 삶과 연관된 질문을 만들어라

독서와 하브루타 생각 습관을 통한 토론은 개개인이 삶을 가치 있게 사는 데 도움이 되어야 한다. 따라서 책을 읽고 질문을 만들 때, 자신의 생활과 관련지어 생각하는 것으로 돌아와야 한다. 책을 읽고 토론하는 이유는 책 속의 지혜를 내 삶으로 적용하여 보다 현명하게 풍요롭게 살기 위해서이다. 책 속의 이야기에서 그친다면 알맹이 없는 독서와 토론이다. 위의 이야기로 질문을 만든다면 아래와 같다.

– 현명하게 살려면, 친구 관계가 좋지 않아도 상관없는가?

– 내일을 위해 준비하는 것과 오늘을 행복하게 사는 것 중 어느 쪽이 더 중요할까?

등의 질문을 만들어 서로 대화하다 보면, 자신이 어떤 가치를 추구하고 있는지 알게 된다. 다른 사람은 어떤 생각을 하고 있는지 알게 된다. 질문 하나로 깊은 철학적 사유를 하게 된다. 그만큼 질문은 엄청난 변화의 열쇠가 되기도 한다. 또한, 위의 질문으로 찬성과 반대 토론으로 이끌어갈 수 있다.

질문 만들기 방법 5 – "왜?" 대신 "어떻게?"라고 질문하라

일상의 일에 대해 또는 문제 상황이 생겼을 때 "왜"라는 질문은 자기방어를 하게 한다. 그 이유는 누군가를 질책하는 의미로 받아들여지기 때문이다. "왜 그렇게 되었니?"라고 묻는 것보다 "어떻게 하다가 그렇게 되었니?"라고 하면 과정을 묻는 것이 되기 때문에 부담 없이 말하게 된다.

– 동물들은 들판에 누워서 어떻게 낮잠을 즐길까?

– 멧돼지가 하는 일을 어떻게 눈여겨보게 되었을까?

– 여우는 궁금해서 멧돼지 옆으로 다가가서 어떻게 물었을까?

– 멧돼지는 어떻게 송곳니를 갈았을까?

– 멧돼지의 송곳니는 어떻게 생겼을까?

속담이나 명언을 활용하여 다양한 방법으로 질문을 만들고 토론하면 재미있는 토론 놀이가 된다.

– 낫 놓고 기역자도 모른다. → 낫 놓고 기역자도 어떻게 모를까?

– 발 없는 말이 천 리를 간다. → 발 없는 말이 어떻게 천 리를 갈까?

이렇게 생활 속의 글과 교과서의 문장을 모두 의문문으로 바꾸기와 육하원칙을 이용하여 질문 만들기를 하면 질문으로 바뀌는 순간 생각이 꼬리를 물고 일어나기 시작할 것이다.

하루에 하나, 실천 하브루타

앞의 「현명한 멧돼지」를 아이와 함께 읽고 여러 가지 방법으로 질문을 만들어봅시다. 또는 다른 책을 읽고 육하원칙을 활용하여 질문을 만들어봅시다. 질문 만들기 활동과 대답하는 과정에서 아이의 무궁무진한 창의적인 생각을 만나게 될 거예요. 아이의 어떤 생각이든 다 지지하고 격려해주세요.

05 상황별로 실천하는 하브루타 토론법

모든 말을 존중하라.
– 레프 톨스토이(러시아의 소설가, 사상가)

아이의 대답이 무엇이든 인정하고 존중하고 지지하라

하브루타 대화는 짝을 이루어 꼬리에 꼬리를 무는 질문과 대답을 통해 스스로 해답을 찾아가는 과정을 말한다. 토론 학습과 관련해서 연수를 하면 부모들은 생활 속에서 "어떻게 질문해야 하느냐?", "질문 목록을 주면 그것을 따라 해보겠다."라거나 "대화가 오래 이끌어지지 않는다."라는 이야기를 하기도 한다. 우리나라는 자녀와 대화가 익숙한 문화가 아니다. 가족 간에 자유분방하게 다양한 대화를 하는 가정도 있겠지만, 전반적인 풍토가 부모는 권위적이고 아이에게 가르치거나 훈계하는 분위기가 일반적이다. 그러다 보니 어린 자녀와 오랜 시간 동안 가벼운 주제로 시작하여 철학적인 생각을 주고받는 데까지 이끄는 것이 어려운 점도 있다. 그러나 아이를 지극히 존중하는 마음, 아이의 의견을 부모 자신의 의견만큼 소중하게 여기고 인정하는 자세를 갖고 임한다면 얼마든지 대화를 해나갈 수 있다. 다음은 학습과 관련이 있기도 하지만 생활 속에서 일어나는 문제에 적용하는 대화법을 소개한다.

선택한 것에 대한 이유를 질문하라

초등학교 2학년 「여름」 교과서에 '가족을 만났어요.'라는 단원이 있다. 까망이라는 고양이에게 가족을 소개해주는 활동이다. '자녀가 없는 할아버지 할머니가 계신 곳에서 까망이가 사랑받을 것 같다, 아이가 하나뿐인 집에 가면 아이와 까망이냐 둘 다 덜 외로울 것 같다, 아이가 3명인 가정에 가는 것이 재미있을 것이다.' 등 다양한 이유로 가족을 선택하여 까망이와 즐겁게 지내는 모습을 상상하여 그리는 활동이다.

이 수업에서 까망이가 가장 행복해 보이는 가정을 선택하여 스티커를 붙이게 했다. 이런 활동을 통하여 다양한 가족 형태와 특성을 이해하고 존중하는 마음을 갖도록 한다. 여기서 좀 더 깊이 있는 사고를 하기 위해 다음과 같은 질문으로 수업을 진행했다.

169쪽과 171쪽의 그림은 각각 아이들이 선택하지 않은 그림들과 선택한 그림들이다.

'내가 선택하지 않은 그림의 이유는 무엇인가?'

"고양이는 자기보다 큰 물고기가 잡혀 올라오면 깜짝 놀라 바다로 빠질 것 같아서 즐겁지 않을 거야."

"고양이는 물을 싫어해. 바다에 낚시하는 데 데려가면 싫어할 것 같아."

"고양이는 뛰거나 걸어 다니는 것을 좋아하지 않아. 눕거나 앉아 있는 걸 좋아하기 때문에 지금 저렇게 바닷가에서 뛰는 걸 싫어할 것 같아."

'내가 선택한 그림의 이유는 무엇인가?'

"고양이가 쉴 수 있는 예쁜 집이 있고 고양이가 놀 수 있는 미끄럼틀도 있어서 행복할 것 같아."

"가족들이 자기를 바라봐주고 고양이는 미끄럼틀 위해 앉아서 쉬고 있어서 행복할 것 같아."

"가족들이 요리하는 데 고양이도 반죽을 하며 같이 해서 행복할 거야."

"밀가루 반죽은 부드럽고 푹신해서 그 위에서 쿵쿵 굴려도 소리가 안 나서 아랫집에 피해도 안 되고 즐거워할 것 같아."

"고양이는 발이 쿠션처럼 말랑말랑해서 뛰어도 소리가 나지 않아."

아이들이 각자의 의견을 나누는 동안 고양이의 특성을 서로 알게 되고, 어떤 때 고양이가 행복한지, 행복하지 않은지에 대해 그 특성을 근거로 이야기하게 되는 과정이 유의미했다. 특히 고양이의 특성에 대해 많

은 것을 알려준 아이가 "선생님, 전 고양이가 뭘 좋아하고 싫어하는지 잘 알고 있는데 그림을 그릴 때는 그런 생각을 안 하고 그냥 그렸던 것 같아요." 하고 말했다. 나는 격려해주었다.

"고양이가 행복한 경우를 이야기하고 그림 감상하면서 알게 되었으니 새롭게 발견한 거잖아? 너 스스로 발견하게 된 것이 대단한데!"

아이들은 자기들끼리 서로 묻고 대답하는 과정 속에서 고양이의 행복을 자신의 행복 기준에 맞추어 그림을 그린 자신에 대해 알게 되었다. 그리고 고양이의 입장에 서보기도 하며 상대방의 입장을 고려하는 마음을 갖는 것이 어떤 것인지 조금이나마 느끼게 되었다.

아이들이 그림을 보고 나름의 이유로 설명하는 것을 보고 깜짝 놀랐다. 이렇게 질문과 대답으로 스스로 발견하게 되는 것이 생각 습관의 힘이다. 그리고 그 그림의 설명에 반영된 아이들 각자의 욕구가 무엇인지 알게 되는 기회가 되어 교사인 나에게도 많은 도움이 되었다. 그림은 자기 자신의 마음이나 욕구의 표현이기도 하기 때문이다.

아이가 어렸을 때 시장에 가서 양말을 사야 했다. "네 동생은 어떤 양말을 좋아할까?" 하고 고르고 있으니 딸아이가 "내가 잘 알아요." 하고는 파란색 양말 꾸러미를 보더니 그 속의 여러 만화 캐릭터 중 한 가지를 선택했다. 집에 와서 아들에게 전해주니 "우와! 내가 이거 좋아하는 줄 어떻게 알았어요?" 하고 신기해하며 좋아했다. 딸은 "누가 골랐겠니? 누나가 네가 뭐 좋아하는지 정도는 알지." 하면서 으쓱해했다.

가정에 필요한 식탁 디자인, 커튼이나 이불, 발매트, 행주, 컵 등 여러 가지 물건을 살 때 아이들의 의견을 묻고 왜 그것이 좋은지, 왜 그 물건이 우리 집에 어울리는지 질문하면 아이들은 나름대로의 근거를 대며 설명한다. 선택한 것에 대한 인정을 받으면 자신감이 생긴다. 혹시 선택한 결과가 좋지 않아도 다음에는 좋은 선택을 하기 위해 다양한 생각들을 할 것이다.

궁금한 이유, 질문하는 이유를 질문하라

『흥부전』으로 2학년 아이들과 토론을 했다. 질문 만들기 활동에서 핵심 질문을 뽑기 위해서 각자가 만든 질문카드를 칠판에 붙이는 과정이었다. 한 아이가 가져온 질문은 '흥부는 몇 명의 아이를 낳았을까?'였다. 이 카드를 받으면서 내심 의아했다. 질문 만드는 공부를 하면서 이야기 속에 답이 나와 있는 질문은 여러 생각을 말하는 토론으로는 적당하지 않으니 제외하고 만들기로 이전 시간에 공부했는데 그런 유형의 질문을 해 왔기 때문이다. 단답식의 이런 질문에 어이가 없기도 했다. 교육 경력이 짧고 아이들의 심리나 교수법을 잘 몰랐다면 당장에 "이야기 속에 답이 나와 있는 건 토론하기에 적당하지 않은 질문이라고 했지? 다시 만들어 봐." 라고 했을지도 모른다. 하지만 지금은 그 질문을 한 아이의 사고 과정이 중요하게 여겨져서 궁금한 마음을 아이에게 질문했다.

교사 : 흥부가 몇 명의 아이를 낳았는지가 왜 궁금했어?

아이 : 흥부가 얼마나 많이 낳았는지 알고 싶어서요.

교사 : '흥부가 아이를 얼마나 많이 낳았는가?'와 이 이야기 전체는 어떤 관계가 있을까?

아이 : 음, 흥부는 못살고 아이들을 잘 키울 수도 없는데 왜 이렇게 많이 낳았을까? 해서요.

교사 : 아! 흥부가 아이들을 제대로 못 키우는데 많이 낳은 것이 이해가 안 되었구나.

아이 : 답답해요. 자기가 잘 키울 수 있을지 생각해야 하잖아요.

교사 : 흥부가 아이들을 제대로 못 먹이고 못 입히는 게 속상했니? 왜 제대로 못 키우면서 아이를 왜 자꾸 낳았는지 물어보고 싶은 거니?

아이 : 네, 좀 아버지가 되어서 그렇게 하는 게 이해가 안 돼요.

계속 아이와 대화하면서 아이가 궁금해한 것은 흥부의 아버지로서의 책임감인 것을 짐작할 수 있었다.

질문과 대답의 반복과 그 과정이 생각 습관이다

아이들은 이미 답이 책에 있는데도 질문하는 경우가 있다. 그런데 물어보면 다 이유가 있었다. '심청이는 왜 인당수에 뛰어들었을까?'라는 질문은 아버지 눈을 뜨게 하려고 스님과 약속한 공양미 300석을 마련하기 위해 목숨과 바꾸기로 한 것이 나와 있다. 그런데 왜 질문을 했을까? 질문한 이유를 물어봤다.

"자기 목숨을 버리는 것은 정말 하기 힘든데 어떻게 그렇게 했는지, 심청이가 한 효도를 친구들도 더 잘 알았으면 해서 같이 이야기하고 싶어서 만들었어요."

이 경우, 질문을 좀 다르게 표현하도록 유도를 해볼 수 있을 것이다. 그래서 아이들이 질문을 만들고 나면 궁금했던 이유, 그 질문을 만든 이유를 꼭 말할 수 있는 기회를 주는 것이 필요하다. 그 과정을 통해서 아이들은 자기의 질문에 대해 다시 생각하면서 '질문에 대한 생각', 즉 메타인지를 갖게 되는 것이다. 메타인지란 학습에 대한 학습, 질문 자체에 대한 자기 생각으로 더욱 분석적인 사고를 하게 되는 것이다.

아이가 책을 읽다가 "이건 왜 ~했어요?"라고 질문하면, "○○이 왜 ~한지가 궁금했구나. 왜 궁금해졌을까?" 하고 질문하는 이유를 질문하라.

그러면 아이는 "나중에 ~되는지 알고 싶어서요."라거나 "이렇게 하면 ~할 텐데 걱정이 되어서요." 등의 어떤 이야기를 한다. 그러면 그에 이어 또 후속 질문을 하면서 끊임없이 주고받으면 아이 스스로 자신이 질문한 것에 대한 답을 찾게 된다.

하루에 하나, 실천 하브루타

아이와 함께 '좋아하는 책, 자주 읽는 책'이 어떤 것인지, 왜 좋아하고 자주 읽는지 이유에 대해 대화해봅시다. '읽기 싫은 책, 한 번도 안 읽은 책'은 어떤 종류인지 이유와 함께 말해봅시다. 아이만 말하게 하지 말고 부모도 함께, 아이가 망설이면 부모가 먼저 이야기를 하는 것도 대화의 부담을 줄이는 좋은 방법입니다.

06 책 한 권 꼭꼭 씹는 3가지 질문 나누기

독서 뒤에 생각하지 않는 것은
식사 뒤에 소화시키지 않는 것과 마찬가지다.
- 에드먼드 버크(영국의 정치가)

재미있는 것, 궁금한 것, 중요한 것이 무엇인지 질문하라

초등학교 국어 교과서를 살펴보면 읽을 거리텍스트가 나오고 그다음에 3~5개의 질문이 나온다. 텍스트의 내용을 묻는 질문이 2~3개이며 대체적으로 텍스트에 답이 있다. 그것도 단답식이다. 물론 일이 일어난 차례대로 말하거나 내용에 관해 이야기를 나누려면 잘 파악해야 하니 필요하다. 그렇다면 차라리 '이야기를 읽고 알게 된 내용을 친구들과 이야기해 봅시다.'가 창의적이고 다양한 답을 요구하는 질문이다. 그리고 텍스트에서 재미있는 장면을 그려보라거나 만화로 나타내라는 문항이 있다. 그리고 '만약에 나라면 어떻게 했을까요?'나 '주인공에게 하고 싶은 말을 편지로 써봅시다.' 등이 있다. 텍스트의 주제나 메시지를 묻는 것과 같다.

– 책을 읽고 재미있는 부분은 어디입니까? 왜 그렇게 생각하나요?

– 궁금한 부분은 어디입니까? 왜 그렇게 생각하나요?

– 책을 읽고 내가 중요하다고 생각한 부분은 어디입니까? 왜 그렇게 생각하나요? 또 이 책을 쓴 작가는 무엇이 중요하다고 생각했을까요? 왜 그렇게 생각하나요?

책을 읽고 재미있는 부분, 궁금한 부분, 중요한 부분을 서로 나누는 과정을 통해 책 내용에 대해 충분한 이해가 이루어지게 된다. 이해하려면 내용을 잘 알아야 하고 내용을 잘 알려면 여러 번 반복해서 읽어야 한다. 그러나 인간은 익숙한 것의 반복을 지루해한다. 또 집중력도 떨어진다.

그래서 다양한 방법으로 반복해서 익혀야 한다. 읽는 활동이 아니라 세 가지 영역의 질문을 통해 여러 사람이 대답하는 과정 속에서 자신이 잘 몰랐던 내용이나 이해하지 못했던 내용을 이해하게 된다. 사람은 보이는 대로 읽기보다 자신이 관심을 갖는 관점 위주로 읽고 싶은 대로 읽는 경향이 있다. 그래서 같은 책을 읽고도 한 부분에 관해 이야기하면 '그런 내용이 있었나?' 하는 생각이 들 정도로 생소하게 느껴진다. 읽기가 아니라 직접적인 대화의 경험을 통한 일화 기억episodic memory으로 남기 때문에 오랫동안 기억하게 된다. 같은 텍스트를 읽고도 궁금한 부분과 중요한 부분이 무엇인지에 대해 토론하면 각각의 생각이 다 다르다는 것을 알게 되고 사람들의 관점과 추구하는 가치도 다양하다는 것을 알게 된다. 또한, 자신과 같은 생각을 나누게 되면 공감의 반가움도 느끼게 된다.

프랑스 소설가 기 드 모파상의 단편 소설 중 노끈 한 오라기를 줍다가 지갑을 주운 것으로 오인 받아 억울함을 호소하다 죽게 된「노끈 한 오라기」라는 이야기로 학부모, 교사, 학생들과 자주 토론한다. 이때 의견을 물어보면 아이든 어른이든 한 부류는 노인이 억울함을 호소하다 병들어 죽은 것은 마을 사람들의 탓이라고 생각한다. 또 다른 부류는 노인이 인색하게 살고, 주변에 친구도 없이 지낸 자신 탓이라고 생각한다.

이렇게 한 사건에 대해 관점이 판이하고 이것을 서로 토론하다 보면 생각이 다른 사람들로 이루어진 세상을 이해하게 된다. 자신과 생각이 같을 때의 공감성과 다를 때의 다양성을 존중하는 태도를 통해 자신의 편협한 생각과 고정관념에서 벗어나게 되고, 개방적으로 받아들이게 되며 사고가 유연해진다.

지금 사회의 따돌림이나 학교 폭력 사태도 근본적으로는 상대에 대한 생각의 차이를 인정하지 않고 이해하지도 않고, 자신의 입장만 중요하다고 생각하는 데서 유발된다고 할 수 있다. 이렇게 같은 텍스트를 두고 메시지 또는 주제도 다르게 나온다. 이러한 토론의 과정을 꾸준하게 거친다면 사람들의 다양한 생각을 이해하는 사회가 될 것이다. 토론 후 소감 발표시간에 하나같이 말한다.

"독서는 혼자 하는 것인 줄 알았는데 한 권의 책을 읽고 함께 이야기하니 다른 사람들의 생각을 알게 되어 좋다."

"다른 사람들은 나와 다른 생각과 관점을 가진다는 것이 새롭고 좋았다."

토론이 개방적으로 받아들이는 유연한 사고를 만든다

우리는 사회적 동물이다. 태어나서 늘 누구든 관계를 맺고 살아가는 존재이다. 따라서 내 생각 못지않게 다른 사람의 생각도 중요하다. 하브루타는 이렇게 다양한 생각을 서로 나누고 서로 존중하고 예의를 지켜 왜 그렇게 생각하는지 근거를 대어 주장하는 것이다. 텍스트를 읽고 토론을 하면 마치 맛있는 요리를 꼭꼭 씹어 잘 소화한 것처럼 책 한 권을 풍성하게 잘 소화했다는 느낌이 든다. 혼자서는 몇 번을 반복해서 읽어도 알 수 없는 다양한 텍스트 행간의 맥락을 여러 사람의 토론을 통해 알게 된다. 다음은 「현명한 멧돼지」라는 이야기로 학생들이 재미, 궁금, 중요한 것 찾기 질문으로 토론한 것이다.

화사하게 꽃이 피고 따뜻한 바람이 살랑살랑 불어오는 어느 봄날이었습니다. 대부분의 동물들은 들판 이곳저곳에 누워 낮잠을 즐기고 있었습니다. 그런데 멧돼지만은 큰 나무 아래에서 열심히 무엇인가를 하고 있었습니다. 멧돼지가 하는 일을 눈여겨보던 여우가 궁금해서 멧돼지의 옆으로 다가가 물었습니다.

"멧돼지야, 모두 낮잠을 자는데 너는 뭘 그렇게 열심히 하는 거니?"

"송곳니를 갈고 있어."

멧돼지는 잠시도 멈추지 않고 열심히 송곳니를 갈면서 여우에게 대답했습니다.

"이해가 안 되는걸? 이렇게 화창한 날을 즐기지도 않고 송곳니만 갈고 있다니? 좀 답답해 보이는구나."

여우는 도무지 알 수가 없다는 듯 다시 말을 걸었습니다. 그러나 멧돼지는 대꾸도 없이 묵묵히 송곳니를 갈았습니다.

"좀 한가롭게 쉬어도 되잖아, 남들은 다 자고 있는데 너는 왜 송곳니만 가는 거야?"

여우의 계속되는 질문에도 멧돼지는 아무런 반응이 없었습니다. 멧돼지의 무시에 슬슬 화가 나려고 하는 여우가 멧돼지에게 소리쳤습니다.

"어디 먹잇감이 나타난 것도 아닌데 왜 자꾸 이렇게 미련스럽게 구니?"

– 책을 읽고 재미있는 부분은 어디입니까? 왜 그렇게 생각하나요?

민주: 저는 멧돼지가 나무에서 무언가 하고 있는 모습이 재미있어요.

아무도 안 하는데 혼자 딴 행동하는 게 우스웠어요.

철민: 저는 멧돼지가 대답 안 해주는데 아기처럼 계속 물어보는 여우가 우스워요.

혜영: 저는 여우가 멧돼지보고 미련스럽게 군다고 말하는 게 재미있어요. 혼자 막 소리치는 게 우스웠어요.

– 궁금한 부분은 어디입니까? 왜 그렇게 생각하나요?

철민: 저는 멧돼지가 왜 대답 안 해주는지 궁금해요. 친구를 무시하는 것 같아서요.

혜영: 저도 철민이처럼 멧돼지가 대답 안 해주고 자기 일만 하는 게 궁금했어요. 그냥 대답해주면 더 이상 귀찮게 안 할 텐데.

민주: 저는 여우가 궁금해요. 말 안 해주는데 왜 계속 귀찮게 묻는지. 다른 동물들 깨워서 놀면 될텐데…….

– 책을 읽고 내가 중요하다고 생각한 부분은 어디입니까? 왜 그렇게 생각하나요? 또 이 책을 쓴 작가는 무엇이 중요하다고 생각했을까요? 왜 그렇게 생각하나요?

혜영: 친구의 말을 무시하면 안 된다는 게 중요하다고 생각해요. 저러면 나중에 큰 싸움이 날 수도 있잖아요. 자기 할 일이 중요해도 친구를 중요하게 생각해야 해요.

민주: 저는 송곳니를 가는 것도 중요하지만, 친구와 같이 노는 것도 중요하다고 생각해요. 저렇게 송곳니를 혼자 갈다가 쓰러질 수도 있잖아요. 그럼 친구도 없고 외롭게 돼요.

철민: 저는 친구가 싫어하면 안 해야 하는 게 중요하다고 생각해요. 대답하기 싫은데 왜 자꾸 묻는지…. 저도 동생이 저한테 자꾸 뭘 묻고 귀찮게 해서 속상한 적이 있었어요.

이 3가지 질문을 통해 각자의 가치가 배려인지 우정인지, 목적의식이나 도전인지를 깊이 토론하게 된다. 또한, 서로의 입장을 놓고 찬반 토론까지 이끌어낼 수 있는 질문이다. 어떤 책, 어떤 그림에나 이 3가지 질문을 적용하면 부담 없이 풍성한 대화를 나눌 수가 있다.

앞의 글 「현명한 멧돼지」를 읽고 재미있는 것, 궁금한 것, 중요한 것은 무엇인지에 대해 아이와 함께 나누어 볼까요? 다른 책으로 해도 좋아요. 짧은 글이라도 3가지가 다 있을 수 있지만, 처음에는 습관이 되어 있지 않아 발견하지 못할 수도 있어요. 행동이나 상황 등을 생각하며 읽으면 재미있는 부분과 궁금한 부분을 발견하게 된답니다. 이것도 습관으로 만들어지는 생각 근육이랍니다.

07 읽고, 말하고, 글쓰기를 병행하라

독서는 완성된 사람을, 담론은 재치있는 사람을,
필기는 정확한 사람을 만든다.
– 프랜시스 베이컨(프랑스의 사상가)

소리내어 책을 읽는 활동으로 뇌가 활성화된다

교육현장에서는 급격하게 변하는 미래 사회에 대한 대비로 2015교육 과정으로 개정되어 미래 핵심역량을 기르기 위한 교육으로 새바람이 불고 있다. 따라서 서서히 단답식 암기형 평가 방식이 사라지고 있지만 몇 년 전만 해도 초등학교 1학년도 2학기부터 지식을 암기하여 맞는 답을 찾는 시험을 쳤다. 시험을 치면 글자를 다 아는데도 문장을 보고 무슨 뜻인지 이해를 못해 앉아 있는 아이들이 2~4명은 있다. 그런데 문제를 소리 내어 읽어주면 "아하!" 하며 무슨 뜻인지 이해하고 해당되는 답을 고르거나 쓴다. 초등학교 저학년은 글로 된 것을 볼 때는 잘 이해하지 못하는 것도 읽어주면 무슨 말인지 잘 이해한다. 글자보다 소리가 먼저이다.

사람은 태어나면서부터 말을 무의식적으로 배우고 글은 나중에 의도적으로 배우기 때문에 말로써 이해와 소통이 더 빠르다.

몇 년 전 글을 완전하게 익히지 못해 문장을 더듬거리며 읽고 문맥을 이해하지 못하는 학생이 있었다. 이 학생에게 한 주제에 대한 글을 소리 내어 읽게 했다. 처음에는 더듬거리며 읽었다. 몇 번을 반복하여 읽게 했더니 이제는 구절 단위로 띄어 읽었다. 능숙하게 읽게 된 다음에 글 속에서 내용의 이해에 관계되는 질문을 하니 그 질문에 해당하는 답을 글 속에서 찾을 수 있었다. 예로 '민주는 자전거를 어디서 탔나요?'라는 문제의 답은 글 속에 있고, 읽을 줄 알지만 찾지 못했던 학생이 능숙하게 글을 읽게 된 후에는 스스로 잘 찾아 대답을 할 수 있게 된다. 그래서 소리 내어 읽는 일이 글의 이해를 돕는 중요한 방법임을 알게 되었다.

지속적인 낭독 훈련은 정확히 듣고 말하는 청각-음성발성회로를 활성화 시켜주기 때문에 자연스럽게 청각 피드백의 기능을 강화시켜준다. 글을 읽는데 숙달되지 않은 초등학생의 경우 소리 내어 읽는 것은 자신의 발음을 듣고 스스로 수정해갈 수 있게 된다. 도후쿠대학의 가와시마 류타 교수는 인간의 모든 활동 중에서 낭독이 뇌를 가장 활성화 하는 행동 중 하나라고 주장했다.

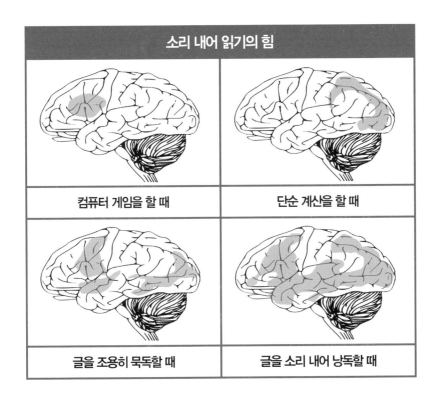

소리 내어 읽기의 힘

컴퓨터 게임을 할 때	단순 계산을 할 때
글을 조용히 묵독할 때	글을 소리 내어 낭독할 때

– 출처:『낭독혁명』, 고영성 · 김선

낭독을 하면 뇌에서 시각을 담당하는 후두엽 부분과 청각을 담당하는 측두엽 부분, 단어의 의미를 담당하는 베르니케 영역, 발성을 담당하는 브로카 영역, 주의력과 공간 감각을 담당하는 두정엽 등 많은 영역이 활성화된다. 낭독 훈련을 한 집단이 그렇지 않은 집단보다 뇌파검사 결과에서 학습에 필요한 영역의 뇌파가 더 많이 활성화 되었다는 연구가 있다. 그래서 지속적으로 글을 소리 내어 읽으면 주의력이 향상되고 읽기

유창성과 어휘력의 증가에 많은 효과가 있다. 1~2학년 아이들에게 한 사람씩 돌아가며 한 문장씩 소리 내어 책 읽기를 하게 하니 집중력이 대단했다. 주의를 기울이지 않으면 자기가 읽을 부분이 어디인지 모르니 자연히 귀를 쫑긋 기울일 수밖에 없다. 한 사람씩 돌아가며 한 문장씩 또는 한 단락씩 소리 내어 읽기 활동은 책의 일부분을 실감나게 읽어보는 활동이다. 이때 경청하기 위해 집중하게 되고, 읽으며 감정이입이 되어 내용에 대한 이해도를 높아진다. 일반 성인의 경우에도 처음에는 소리 내어 읽기를 어색해하지만, 읽고 나면 자신도 모르게 인물의 감정을 느끼게 되어 분노나 슬픔을 강하게 느끼게 된다고 했다. 이러한 소리 내어 책 읽기는 동서양을 막론하고 옛날부터 해오던 공부 방법이었다. 조선시대 때 『천자문』, 『소학』 등을 수십 번, 수백 번 소리 내어 읽으면서 공부를 했다.

읽기와 말하기는 다르다. 독서토론대회에 심사위원으로 몇 번 참석한 적이 있다. 두 팀이 나와 찬반 토론을 할 때 어떤 학생들은 토론을 하는 것이 아니라 입론부터 시작해서 일어나서 줄줄 읽어 내려갔다. 상대가 듣거나 말거나 자기가 준비해온 것만 읽었다. 주어진 몇 분 안에 하지 못하면 감점이 있기 때문에 내용을 다 읽고 끝내는 데에 목적이 있는 듯 보였다. 토론은 말하기이다. 상대의 눈을 바라보며 자신의 주장을 근거를 들어 말하는 데 상대를 보지도 않고 읽기만 했다. 듣는 상대 팀도 주장과 근거를 들으면서 타당성보다는 어느 부분을 공략할 것인가만 생각하고 반박할 것을 적고 있었다. 학교에서 책 읽은 느낌을 말할 때에도 쓴 글을 읽는다. 자신의 의견을 상대에게 전달할 때는 읽는 것이 아니라 말을 해야 한다. '읽기'와 '말하기'가 다르다는 것을 구분해줄 필요가 있다.

눈으로 보는 것보다 소리 내어 읽기가,

수십 번 읽는 것보다 한 번 손으로 써보는 것이 더 좋다

말하기는 듣기이다. 수업을 하다보면, 교사의 질문에 항상 대답을 잘하는 아이가 있고 또 그냥 듣고만 있는 아이들이 있다. 질문에 대답을 하거나 발표하려고 손을 드는 아이들을 보면, 항상 집중하여 잘 듣고 있다는 것을 발견하게 된다. 그 아이들은 말하는 사람을 주시하고 있고, 들으면서 자신의 생각을 말한다. 따라서 말을 잘한다는 것은 경청을 잘한다는 의미이다. 그래서 수업시간에 주로 조용히 있는 아이들은 잘 듣고 있는지 살펴보고 집중할 수 있도록 해야 한다.

이렇게 서로 잘 듣고 말할 기회를 많이 주는 것이 하브루타 대화이다. 짝과 같이 대화하니 집중해서 듣게 되고 또 둘이니 한 사람은 듣고 한 사람은 말하는 역할을 하게 되니 경청하게 된다. 저자는 아이들을 교실에서 돌아다니면서 두 사람씩 만나 질문하고 대화한 후 또 다른 친구를 만나도록 하는 활동을 많이 한다. 한 아이가 5~6명의 친구를 차례로 만나 질문과 대답을 주고받으니 저절로 집중하고 경청할 수밖에 없다.

말하기는 훈련이다. 말하기는 대화의 기술이다. 기술은 오랜 동안 무수한 반복을 통해 형성된다. 말하는 것도 훈련이 필요하다. 몇 년 전 초등학교 3학년 12명과 주 1회 독서토론 동아리를 운영할 때의 일이다. 날마다 보는 같은 반 아이들인데도 한 여학생이 책 읽은 소감이나 주제에 따른 토론을 할 때 긴장하고 목소리가 떨리고 말을 제대로 못했다. 듣고 있는 아이들이 답답해할 정도였다. 그만큼 그 학생에게 남 앞에서, 특히 여럿이 모인 자리에서 말을 한다는 것은 어려운 일이었던 것이다. 그런데 토론 4~5회째 될 때는 같은 학생이라고 믿을 수 없을 만큼 또박또박 자신있는 목소리와 자세로 자기의 의견을 말했다. 이 학생은 "처음에는 떨렸는데 자주 하니까 긴장도 안 되고 자신 있게 말하게 되는 것 같다." 라고 했다.

아이들이 독서를 싫어하는 이유 중의 하나가 책 읽은 후 꼭 써야 하는 독후감 때문이다. 책을 읽으면 꼭 느낀 점을 알게 된 점을 써야 할까? 요즘은 '무조건 읽기만 하라.', '매일 읽어라.'라고 하면서 독서에 부담을 주지 않고 흥미를 갖게 하는 것을 강조하기도 한다. 독서 전문가들은 책을 읽으면 꼭 한 줄이라도 쓰는 것이 좋다고 이야기한다. 동서양의 위인들을 살펴보면 책을 읽고 마음에 드는 문장을 수십 번 베껴 쓰고, 자기가 생각한 것을 글 옆에 주석으로 달기도 했다. 한 번 자기 손으로 베껴 쓰면 뇌에 더 각인이 된다. 쓰기는 손으로 이루어지는 활동이기 때문에 뇌를 자극한다. 세계적인 대뇌 생리학자 구보타 박사는 연필을 깎고, 글씨를 쓰거나 그림을 그리고, 나무 쌓기 놀이를 하는 등 손을 자주 사용하는 것이 뇌의 발달을 돕는다고 했다. 지능과 운동의 중추를 담당하는 전두엽은 두뇌에 핵심으로 손가락을 움직이는 등 미세한 운동을 통해 활성화된다는 것이다. 손가락을 움직이는 활동은 컴퓨터 키보드도 있고, 타자기, 피아노 치기 등 여러 가지가 있다. 그중에서도 피아노 치기가 가장 뇌를 자극하여 발달에 영향을 끼친다는 연구가 있다. 그만큼 손가락에 힘을 주어 움직이는 미세한 운동이 중요하다는 것을 말해준다.

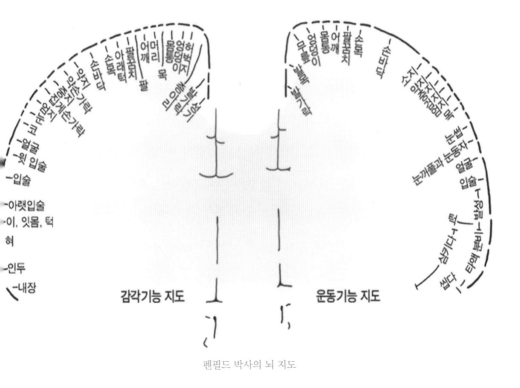

펜필드 박사의 뇌 지도

캐나다의 신경외과의사 펜필드 박사는 사람의 신체부위별 크기를 적용하여 뇌 지도를 그렸다. 이 지도에 의하면 손, 입, 발이 약 70~80%를 차지하고 있다. 뇌를 자극하면 손, 입, 발이 대부분 반응했다는 것이다. 이를 반대로 생각하면 손, 입, 발이 자극되면 뇌가 발달한다는 이야기이다.

다산 정약용 선생은 아들들에게 독서의 중요성과 함께 쓰기에 중요함을 전했다. 눈으로 보는 것은 소리 내어 읽는 것만 못하며 소리 내어 수십 번 읽는 것은 한 번 손으로 써보는 것만 못하다고 한다. 손은 뇌와 직접적으로 연결되어 있다. 손으로 쓰는 행위는 뇌를 직접적으로 활성화시켜 그 어떤 행위보다도 기억에 오래 남도록 하는 데 지대한 영향을 끼친다. 베껴 쓰기는 각자 감동 깊게 읽은 문장이나 구절을 그대로 옮겨 적는 활동이다. 링컨과 박지원 등의 많은 위인들과 글을 쓰는 작가들도 베껴 쓰기가 책의 내용을 더 깊이 이해하고 자신의 생각을 표현하는 데 도움이 되었다고 했다. 베껴 쓰기 과정을 통해 표현력은 물론 글의 구조가 자연스럽게 익혀지기 때문이다. 또한 한 번 쓰면 뇌에 깊이 각인된다. 그만큼 베껴 쓰기는 독후활동의 중요한 역할을 한다. 베껴 쓴 부분에 대해서도 같은 경우 공감과 객관적인 생각, 다양함의 주관적 생각을 알게 되는 부분이다. 감동받은 부분을 그 이유와 함께 베껴 써보는 것만으로도 훌륭한 감상문이 된다.

『심청전』을 읽고 토론활동 중의 하나로 베껴 쓰기를 했더니 많은 학생들이 심청이의 "아주머니, 우리 아버지를 잘 부탁해요. 흑흑." 하는 부분을 인용했다. 아이들은 아버지를 생각하는 심청이의 마음이 잘 나타나 있어서 썼다고 했다. 반면, 연꽃이 아름답게 피어나는 구절을 옮겨 적은 학생이 있었는데 꽃이 핀 모습을 아름답게 표현한 것이 좋아서 썼다고 했다. 따라서 독서와 토론 후 명문장을 베껴 쓰는 행위가 문장 표현력과 사고력에도 도움이 되지만 뇌를 더욱 활성화 시키는 데 도움을 준다.

하루에 하나, 실천 하브루타

단 한 문장이라도 좋아요. 마음에 드는 문장을 메모지에 적어 잘 보이는 곳에 붙여보세요. 가족이 아주 짧은 동화책을 읽고 각자의 명 문장을 옮겨 적어서 읽어도 좋아요. 공책을 마련하여 꾸준하게 적어보면 성취감도 느끼고 새로운 대화를 시작하게 도와줍니다.

08 책 읽어주는 부모보다 질문하는 부모가 되라

모든 대답을 다 아는 것보다는
몇 가지의 질문을 제대로 아는 것이 더 현명하다.
— 제임스 서버(미국의 작가)

책을 읽어주면 아이는 보고 들으며 생각하는 집중력을 갖게 된다

요즘은 많은 학교에서 주 1회 책 엄마의 '책 읽어주세요' 프로젝트가 이루어지고 있다. 희망하는 학부모 중심으로 조직하여 각 반에 1명씩 들어가서 아이들에게 책을 읽어준다. 아이들은 선생님이 아닌 또 다른 새로운 사람이 책을 읽어준다는 점을 새로워 하고 친구의 어머니이니 친숙함도 느끼며 즐거워한다. 또 집중도도 높고 책에 대한 동기도 높다. 저자도 아이들에게 책을 읽어준다. 자신이 읽는 것도 좋지만 읽어주는 소리를 들으며 내용의 상상 속으로 푹 빠져드는 것도 소중한 경험이다. 미국 교육부 연구에서 친숙한 양육자가 책을 읽어주면 긍정적 상호작용이 아이두뇌를 자극해 '학습의 길'이라는 신경회로를 새롭게 만들어 기존의 신경

회로를 강화시킨다고 한다. 책을 읽을 때에 비해 읽어주는 책의 내용을 들을 때 알파파가 더 증가했다는 연구도 있다. 알파파는 마음의 평화와 안정감을 주는 뇌파이다. 일본 니혼대학의 한 연구는 측두엽과 감정을 담당하는 뇌인 변연계의 감정과 감성이 어우러지면 인지 과정이 강력해 진다고 했다. 이러한 연구들은 정서적인 안정의 바탕에서 지적인 정보를 받아들이면 그 기억과 감화의 효과가 배가 된다는 것을 보여준다.

책 읽어주기는 같은 책이라도 누군가 소개하고 읽어주기 때문에 독서에 대한 호기심과 동기를 갖도록 하는 데에 효과가 있다. 내가 책을 읽어 주고 나면 아이들이 그 책을 다시 찾아 읽는다. 여기서 나아가 아이의 생각 근육을 단단하게 하려면, 호기심의 자극을 넘어 아이의 생각을 깨우는 데 더 주력해야 할 것이다. 어떤 학부모는 책을 읽어주는 동안 자꾸 아이가 질문을 해서 '잘 이해하지 못하나 보다.'라고 생각하고 자기 아이의 부족한 이해력 때문에 걱정도 되고 우울한 적이 있다고 했다. 또 어떤 학부모는 "묻지 말고 일단 잘 들어보라."라고 말했다고 한다. 하브루타 질문 수업에 참여한 그 학부모는 토론을 실습하고 질문을 만들어보는 활동을 해보고 나서야 아이의 사고를 깨우는 질문의 힘에 대한 위대함을 잘 알 수 있었다고 했다. 그리고 아이에게 미안한 마음이 든다고 했다. 책을 읽어주더라도 끊임없이 아이와 질문을 주고받으며 배경지식도 끌어오고 대화를 통해 사고를 확장하도록 하는 것이 중요하다.

책을 읽고 난 자녀에게 부모가 '어떤 내용인지 이야기 해보라'고 한다. 참 난감하다. 어른도 책을 읽은 후 어떤 내용인지 요약하거나 중요한 핵심을 이야기하기 어렵다. 그런데 아이에게 "읽고도 모르냐!" 하고 다그치기도 한다. 부모는 아이의 몇십 쪽 안 되는 이야기를 쉽게 이해할 거라고 여기기도 한다.

내용을 이야기하는 것은 의미가 없다. 책에 있는 내용을 굳이 외우듯이 알고 있을 이유는 없다. 그 이야기와 나와 어떤 상관이 있는지 연결하고 나라면 어떻게 했을지 책 속의 인물은 왜 그렇게 했는지 유추해보는 과정이 중요한 것이다. 아이에게 "그 주인공은 왜 그렇게 했을까?"라고 질문하라. 만약 아이가 그것을 물으면 대답 대신 다른 질문으로 되물어주어 대화를 이끌어가는 것이 효과적이다. 질문을 통해서 아이는 여러 가지 자신이 기존에 알고 있는 정보도 기억해내기도 하고 해결책을 찾기도 하면서 생각의 영역을 넓혀간다. 한 권의 책을 단숨에 다 읽어주는 것이 중요한 것이 아니다. 한두 페이지를 읽다가도 아이가 궁금한 것을 질문하면 받아주고, 또 부모가 질문을 해보라. 그리고 그것에 대해 함께 생각하고 각자의 의견을 말하며 또 다른 질문을 이끌어내라.

아이가 책을 읽었을 때 혹은 아이에게 책을 읽어줄 때 어떤 질문을 해야 하나? 부모들은 또 고민에 빠진다. 그것은 우리가 질문에 익숙하지 않기 때문이다. EBS 〈우리는 왜 대학에 가는가?〉에서 '말문을 터라.'라

질문한다는 것은 집중하고 있다는 뜻이고,
경청하고 있다는 신호이다.

3장 아이의 자존감을 높여주는 하브루타 독서법

는 주제로 대학생들이 강의를 듣고 질문하라고 해도 질문이 없고 조용한 모습을 방영한 적이 있다. 실험을 하기 위해 한 학생이 집요하게 교수에게 질문을 하니 같이 수업을 듣는 학생들은 '잘난 체 한다.', '눈에 띄려고 한다.'는 등 부정적으로 생각한다고 말했다. 질문이 없는 수업, 말하기는 없고 오로지 듣기만 있는 수업, 듣지도 않고 스마트폰을 만지거나 다른 일을 하는 수업이 만연하다. 질문한다는 것은 집중하고 있다는 뜻이고, 경청하고 있다는 신호이다. 천천히 음식의 맛을 음미하며 먹듯이 의문을 갖는 자세로 수업을 듣거나 책을 읽는 것이 필요하다. 많은 책을 읽거나 읽어주는 것보다 한 권의 책으로 묻고 답하며 생활에 적용되는 지혜를 찾아내도록 이끌어가도록 하는 것이 필요하다.

독서토론은 독후활동이 아니다, 책을 말로 읽는 과정이다

저자가 10여 년째 지속하고 있는 독서 모임이 있다. 얼마 전『차라투스트라는 이렇게 말했다』는 책으로 회원들과 토론을 했다. 몇 번을 읽어도 이해하기 어려운 내용의 책이다. 다양한 질문을 주고받고 토론을 해도 이해가 안 되는 부분이 많았다. 여러 회원이 끝없이 책을 뒤적이며 토론을 하는 과정 속에서 한 회원이 말했다.

"질문에 서로 대답하는 과정 속에서 '영원회귀'의 의미와 '건너가는', '몰락하는' 존재로서의 인간이 내면의 초인을 믿고 긍정의 힘으로 깨어나라는 메시지를 이해하게 되는 것 같다."

책의 내용이 진정한 자신의 것으로 해석되는 경험을 하게 되고 앎의 순간을 느끼면서 행복한 순간이라고 토론 소감을 말했다. 어려운 책일수록 함께 토론하면서 생각을 나누는 경험이 중요하다.

이제는 '가르치는' 시대가 아니다. '어떻게 가르치느냐?'가 아니라 '어떻게 배우느냐?'에 초점이 있다. 따라서 앎으로 가는 과정이 어떻게 이루어지는지, 그 과정을 즐길 수 있어야 한다. 책을 읽고 질문을 만들어 대화하고 토론하는 과정 자체가 의미 있는 '배움'의 시간이며 이를 통해 자신들만의 규칙을 만들고 토의·토론활동을 성장시켜가는 것이 필요하다. 독서 토의·토론을 통해 횟수를 거듭할수록 다양한 방법으로 책의 내용을 반복하게 되고, 책의 내용과 생각은 자신의 삶에 녹여져 변화를 가져와 마치 음식을 꼭꼭 씹어 제대로 소화하듯, 책 한 권 제대로 읽은 새로운 즐거움, 토의·토론의 향연에 매료될 것이다.

아이와 함께 책을 읽으면서 또는 읽어주면서 질문을 나누어봅시다. 아이가 궁금한 것을 물어보면 답을 알고 있든 모르든 대답을 하지 말고 그 질문을 되물어주세요.

아이: "○○이가 왜 ~했을까요?"
부모: "글쎄, ○○이는 왜 ~했을까?"

되물어주면 아이가 궁리하게 되고 그에 대한 대답을 하게 됩니다. 또는 아이에게 부모가 질문을 해봅시다.

일주일에 1~2권을 읽겠다고 결심해봅시다.

다 읽지 않더라도 괜찮아요. 하루 하루 읽은 만큼에서 마음에 드는 문장

을 찾아 기록하는 습관을 가져봅시다.

책 속의 보물	
읽은 날	
도서명/저자/출판사	
내가 찾은 보물과 그 이유	

책 속의 보물	
읽은 날	
도서명/저자/출판사	
내가 찾은 보물과 그 이유	

똑똑한 아이 만드는
하루 10분 생각 습관 하브루타

01 교실 수업 하브루타, 끊임없이 질문하라

> 우리가 무엇을 생각하고, 무엇을 알고, 무엇을 믿는지가 중요한 것이 아니다.
> 중요한 것은 우리가 무엇을 하느냐이다.
> – 존 러스킨(영국의 저술가, 비평가)

아이들에게는 중요한 핵심을 찾아내는 능력이 있다

초등학교 1~2학년과 토론을 한다고 하면 그게 가능하냐고 의아한 표정으로 나를 보는 사람들이 있다. "몇 살부터 의사소통을 하나요?"라고 나는 물어본다. 토론이란 질문과 대답이다. 아이들은 아주 어릴 때부터 소통하고 있다. 미소와 울음과 표정과 행동의 비언어적인 요소부터 시작해 언어를 사용하면서 무언가를 해달라고 요청한다. 그리고 설득한다. 자신이 꼭 필요하다고 설득하는 것이 곧 토론의 과정이다. 토론은 꼭 책상 앞에서 특별한 주제를 두고 거창하게 하는 것이 아니다. 이것이 곧 일상의 하브루타이다. 우리도 자녀와 대화를 한다. 하지만 좀 더 아이의 생각을 존중하는 태도로, 개방적이고 열린 사고로, 끊임없는 의문으로 철학적 사유를 이끌어내어 생각을 키우는 방향으로 전환해야 한다. 이것이 세계를 이끌어가는 인재를 많이 배출하는 저력을 가진 유대인들의 하브루타에서 우리가 배워야 할 부분이다.

나는 초등학교 2학년 담임으로 아이들과 지속적으로 하브루타 수업을 적용하고 있다. 예전의 교사란 '가르치는 사람'이었다. 그러나 이제는 '가르치는 사람'이 아니라 학생들이 스스로 배울 수 있는 장을 마련해주는 '안내자', '조력자'이다. 지식을 강의식으로 직접 가르쳐 주는 것이 아니라 학생들이 토론하고 '배움'을 일으키도록 준비하는 데 주력한다. 다음은 초등학교 2학년 국어 교과서에 실린 장기려 선생님의 이야기로 토론을 한 사례이다. 아이들의 대화를 따라가다 보면 기발한 생각들을 말하기도 하고 대화 속에서 오류들을 스스로 발견하게 되기도 하는 모습을 발견하게 될 것이다.

병원에 입원해 있는 기오라는 아이는 장기려 선생님을 따라다니며 관찰하게 된다. 장기려 선생님은 자기 몸을 돌보지 않고 환자를 돌보며, 밤에는 의사가 없는 마을의 환자를 치료해준다. 입원비가 없어 퇴원을 못하는 환자를 몰래 뒷문으로 나가게 돕기도 하고 자기 월급을 통째로 거지에게 주기도 한다. 월급을 많이 줄 테니 다른 병원으로 오라고 해도 가지 않는다. 돈이 없어 치료 못 받는 사람들을 돕고 자신을 돌보지 않고 밤늦게까지 환자를 치료하는 모습을 보고 사람들은 그를 '바보 의사'라고 부른다. 기오는 장기려 선생님 집까지 따라가보기도 하고 그의 모습을 보면서 자기도 가난한 사람을 돕는 의사가 되고 싶다는 결심을 했다.

한 명씩 돌아가며 소리 내어 읽기

과제로 미리 읽어오도록 하여 수업시간에 한 문장씩 또는 역할을 정해 소리 내어 읽는다. 그 다음 돌아가며 이야기의 내용을 한 가지씩 말한다.

"장기려 선생님은 밤늦게까지 환자를 치료했어요."
"기오는 병실을 나와서 장기려 선생님을 따라다녔어요."

있는 사실만 말하게 함으로써 내용을 파악하게 하고 '사실'과 '의견'을 구분하게 한다. 간혹 "장기려 선생님이 힘들 것 같아요." 하고 느낌을 말하는 아이도 있다. 국어 수업에서 사실과 의견이나 생각을 구별하는 능력을 갖추는 것을 목표로 수업을 하는 시간이 있다. 그래서 그런 부분은 사실과 의견을 구별하게 하고 소감 나누기 시간에 느낌을 말하도록 유도한다.

질문 만들기

아이들이 장기려 선생님 이야기에 대해 질문을 만들어 칠판에 붙여서

유사 질문과 다른 질문을 분류하여 모두가 궁금해하는 핵심 질문을 찾기
도 한다. 다음은 아이들이 만든 질문이다.

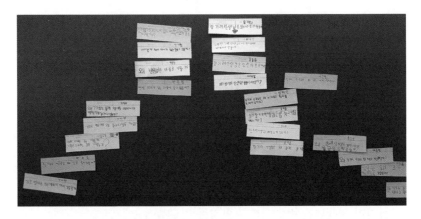

– 왜 장기려 선생님은 월급을 거지에게 다 주었을까?

– 장기려 선생님은 왜 별명이 '바보 의사'일까?

– '바보'는 어떤 뜻일까? / 어떤 사람을 바보라고 할까?

– 나라면 돈을 더 많이 준다고 하면 다른 병원으로 옮겼을까?

– 기오는 왜 코가 납작해지도록 창문에 붙어서 봤을까?

– 장기려 선생님은 왜 기오가 "선생님도 우리 집처럼 가난하네요." 하
니까 껄껄껄 웃었을까?

– 어떻게 의사가 없는 마을이 있을까?

– 나라면 내 돈을 거지에게 다 주었을까?

– 장기려 선생님의 집은 왜 하얗고 작은 집일까?

– 돈 없는 환자를 몰래 내보내주는 것은 옳은 일일까?

- 돈 없는 환자 치료비를 장기려 선생님은 자기가 내면 되는데 왜 몰래 뒷문으로 나가게 했을까?

- 장기려 선생님은 왜 쉬지 않고 환자를 보러 다닐까?

- 장기려 선생님은 왜 남을 먼저 생각할까?

- 기오는 왜 병실을 돌아다녔을까?

- 장기려 선생님은 어떻게 의사라는 꿈을 키웠을까?

- 왜 기오는 의사선생님이 되고 싶었을까?

- 장기려 선생님은 언제 의사가 없는 마을에 갔다 왔을까?

'장기려 선생님을 왜 바보 의사라고 부를까?'라는 질문은 국어책에 나와 있는 질문이다. 이야기를 읽고 아이들이 만든 질문 중에도 국어책에 있는 질문이 있다. 책을 펼쳤을 때 자신이 만든 것과 같은 질문이 적혀 있으면 그 아이는 어떤 기분이 들까? 자신감이 생기고 매우 자랑스러울 것이다.

즉, 아이들에게는 스스로 읽고, 내용을 분석하고, 질문을 만들면서 핵심을 찾아내는 능력과 전문가와 같은 시각이 있다는 의미이다. 아이들에게 주제가 무엇인지 알려주지 않아도 생각하고 찾아내는 능력이 있기 때문에 잠재적인 사고력을 끌어낼 수 있는 장을 마련해주면 되는 것이다. 아이라서 생각의 수준이 낮거나 아이디어가 부족하지 않다. 오히려 그 반대이다.

질문 나누기

자기가 만든 질문을 카드에 쓴 것을 들고 일대일로 만나 하브루타를 한다. 이런 토론을 짝을 바꾸어가며 5차례 반복한다. 5차례란 5명을 차례로 만난다는 뜻이고 많은 친구를 만나 다양한 의견을 나누기 위해서이다. 평소에 대화와 토론을 하는 문화가 아닌 우리들의 교육 현장에서 한 질문에 대해 끊임없이 토론하는 것은 힘들다. 처음에는 각자의 질문에 대한 대답을 서로 주고받는 과정을 반복하면서 많은 친구들을 만나 다양한 의견을 듣는 것이 중요하다.

아이 1: 질문 1 (아이 1이 만든 질문)

– 장기려 선생님은 왜 쉬지 않고 환자를 보러 다닐까?

아이 2: 질문 1에 대한 대답 1

– 한 사람이라도 더 치료해주고 싶어서 그랬다고 생각해.

아이 1: 질문 1에 대한 대답 2

– 의사가 없는 다른 마을에도 가야 하니깐 빨리 마치려고 그랬어.

아이 2: 질문 2 (아이 2가 만든 질문)

– 치료비 없는 환자에게 치료비를 주지, 왜 몰래 나가게 했을까?

아이 1: 질문 2에 대한 대답 1

– 자기 월급은 다른 사람 도우려고 그랬다고 생각해. 거지가 살기 더 어려우니까.

아이 2: 질문 2에 대한 대답 2

― 자기 병원이라서 마음대로 한 것 같아.

이러한 질문 나눔 활동을 5~6회 정도 하여 아이들이 익숙해지면 일대일로 만나서 한 가지 질문에 대해 집중적으로 답하고 그에 대해 또 질문을 하며 토론한다. 한 질문에 대답한 후 그 대답에 또 질문하고 토론한 후 아이들에게 소감을 물어보니, "계속 질문을 해서 대답을 하려니 생각이 잘 안 나요." 또는 "질문에 생각을 하려고 하니 머리가 아파요."라고 이야기했다. 이제 뇌가 생각하기 시작한다는 뜻이다. 이런 훈련을 통해 생각하는 근육이 만들어진다.

아이 1: 질문 1 (아이 1이 만든 질문)

― 장기려 선생님은 왜 쉬지 않고 환자를 보러 다닐까?

아이 2: 질문 1에 대한 대답

― 한 사람이라도 더 치료해주고 싶어서 그랬다고 생각해.

아이 1: '질문 1에 대한 대답'에 대한 질문

― 그렇게 쉬지 않고 치료하다가 자기가 쓰러지면 어떻게 되지?

아이 2: 아이 1의 질문에 대한 대답

― 자기보다 다른 사람을 더 중요하게 생각하니까 쓰러지더라도 환자 생각을 더 하겠지.

아이 1: 아이 2의 대답에 대한 질문

– 환자를 돌보다 쓰러져 죽을 수도 있는데, 그러면 더 이상 남을 돕지 못하니 그건 어리석은 일이 아닐까?

아이2: 아이 1의 질문에 대한 대답

– 쉬지 않고 환자를 본다고 자기가 꼭 쓰러지란 법은 없지 않니? 쉬지 않고 하지만 다른 쪽으로 자기를 관리할 거라고 생각해.

위와 같이 한 가지 질문에 대해 끊임없이 의문을 갖고 대답과 또 질문으로 나중에는 자신의 입장까지 토론하게 된다. 다음은 모두 같이 토론한 내용이다.

선생님: 장기려 선생님을 '바보 의사'라고 부른다고 했지? 그런데 '바보'는 어떤 사람일까?

아이 1: 음, 자기 생각을 안 하고 다른 사람을 많이 생각하는 사람을 말해요.

선생님: 자기 생각한다거나 다른 사람 생각한다는 것이 무슨 뜻이지?

아이 1: 자기에게 필요한 좋은 일보다 다른 사람에게 필요한 일을 더 많이 하는 것을 말해요.

선생님: '바보'라는 말의 뜻은 자기 할 일을 제대로 못하거나 지능이 모자라는 사람을 말하는데 왜 다른 사람을 위해 좋은 일을 하는 사람을 바

보라고 할까?

아이 3: 바보에 여러 가지 뜻이 있지 않을까요? 너무 착한 사람을 바보라고 하기도 하는데, 이 책에서는 그런 뜻인 것 같아요.

선생님: 우리가 아는 그런 '바보'는 누가 있을까?

아이 2: 우리 반에 민경이요. 민경이는 항상 친구가 아플 때 보건실 데려가고 친구들 싸우면 말리고, 준비물도 빌려주고 자기는 잘 안 놀고 친구들 돌볼 생각을 많이 해요. 그리고 ……. 선생님도 바보예요.

선생님: 왜 선생님이 바보지?

아이 3: 아, 알겠어요. 우리 반에 희진이가 말 안 들을 때도 많고 친구 물건을 함부로 가져가 싸움이 나게 하는데도 희진이가 조금씩 나아질 때까지 선생님이 참고 돌봐주고 힘든데도 사랑하잖아요.

선생님: 선생님이 힘든 것도 알아주고 장기려 의사 선생님과 같은 바보라고 하니 너무 고마운데.

아이 2: 그리고 희진이도 친구 물건을 말 안 하고 가져갈 때도 있지만 어떨 땐 친구 도와주고 자기 역할 아닌데도 청소도 하고 따뜻한 마음이 많아서 '바보'일 때 있어요.

아이 4: 아! 엄마가 말씀해주셨는데요 어릴 때 나쁜 아이도 어른이 되면 착한 사람이 될 수 있고, 어릴 때 착해도 어른이 되어서 나쁜 사람이 될 수도 있대요. 희진이도 나중에 착한 사람이 될 수 있어요.

아이 3: 뭐? 그럼 넌 희진이가 지금 나쁜 아이란 말이야?

아이 4: 아니, 그건 아닌데?

아이 5: 아, 그럼 네 말대로면 장기려 선생님처럼 우리 선생님도 남을 더 생각하는 '착한 바보'니까 어릴 때와 반대로 된다고 했으니 선생님이 어릴 때 나쁜 아이였다는 말이니?

아이 4: 어……. 그런 뜻은 아닌데.

아이 6: 선생님, 갑자기 이것과 관계 있는 속담이 생각나는 데요. '고래 싸움에 새우 등 터진다.'이 말이 생각나요.

선생님: (웃으며) 그래? 그럼 등이 터진 새우는 누구지? 고래는?

아이들: 선생님이 새우인 거 같아요. (모두 웃음)

아이 2: 희진이가 더 좋은 행동을 하고 변화할 수도 있다고 말하려고 엄마 이야기를 했는데 그런 뜻이 아닌 것으로 되어간 것 같아요.

선생님: 그래 그런 걸 논리적인 오류라고 하지. 어떤 뜻으로 말했는지는 선생님도 알겠구나.

질문을 만드는 훈련을 통해 생각하는 근육, 생각의 힘이 만들어진다

위의 토론은 모둠별로 이어져도 되고 짝 토론을 하면 되지만 초기에는 반 모두가 토론 수업에 참여하는 형태로 수업하면 다양한 생각을 나누는 습관을 갖는 데 도움이 된다. 그리고 토큰을 나눠주어 자신이 말할 수 있는 부분에는 참여하고, 말하고 나면 토큰을 하나씩 가운데 내는 방법으로 발언권을 조절할 수도 있다. 그 뒤로도 깊이 있는 생각을 나누는 토론은 계속되었다. 토론하는 동안 아이들의 배경 지식이 나오고 뇌의 정보들이 활성화 되어 자기 언어로 표현된다. 듣는 아이들은 여러 친구들의 대화를 통해 자기 언어로 또 정리한다. 이렇게 서로 질문하고 토론한 후 이야기의 재미있는 부분, 궁금한 부분, 중요한 부분에 대한 토론으로 이어갔다. 이런 토론이 계속되는 동안 아이들의 생각들이 살아 움직이고 활기찬 교실이 된다. 지식은 아이들의 삶 속으로 들어와 자신의 문제와 연결되어 또 다른 생각을 하게 된다. 만약 이런 공부를 선생님이 묻고 아이들이 책 속에서 답을 찾거나 그저 답을 적고 지나간다면 장기려 선생님의 삶은 아이들과 아무 관계없는 하나의 지식일 뿐이다.

신호등 토론하기

장기려 선생님이 환자를 위해 노력하지만 규칙을 어기고 환자를 몰래 나가게 한 것에 대해서 찬성과 반대 토론을 했다. 찬성과 반대 토론을 시도할 때 어려운 점이 무엇일까? 일선 교육현장의 선생님에게 물어보면, 각 입장에 있는 인원수가 비슷하지 않고, 때로는 한쪽 주장에 2~3명만 있어서 상호 논쟁하기가 어렵다고 했다. 또 어떤 경우에는 주제 자체에 이미 찬성이나 반대 중 한쪽의 주장이 우세한 경우가 있다. 토론은 서로의 입장을 이해하고 그에 맞는 근거를 찾아 논쟁하는 힘을 키우는 것이 목적이다. 그래서 양쪽의 입장을 다 거치도록 해야 한다.

신호등 토론을 해보자. 두 사람씩 짝을 지어 한 사람은 찬성의 색 신호등을 들고, 다른 한 사람은 반대의 색 신호등을 들고 토론하게 한다. 주장을 펼친 후 자신과 다른 주장을 하는 또 다른 친구를 만나 토론을 한다. 그 과정을 마치면 입장을 바꾸어 찬성했던 사람은 반대의 색 신호등을 들고, 반대자는 다시 찬성의 녹색 신호등을 들고 각자 자신과 반대되는 주장을 하는 사람들을 만나 토론하는 과정을 거친다. 이 과정을 거치면 아이뿐 아니라 학부모나 교사도 두 가지 주장과 근거를 말해 보니 각각의 입장이 정말 이해가 된다는 말을 했다.신호등 토론의 방법은 이 장 끝에 자세히 설명해 놓았다.

한 가지 주제에 대해 사람들은 각자 찬성과 반대하는 자신의 입장이 있기 마련이다. 그런데 자신의 입장과는 관계없이 한 번은 찬성을 주장하고 또 한 번은 반대를 근거와 함께 주장해본다. 이 활동을 해보면 자신의 입장이 찬성일 때 찬성을 주장하면 뭔가 힘 있는 주장이 되고, 자신의 입장과 다른 주장을 하면 왠지 자신이 없고 마음에 없는 주장을 해야 해서 힘들다고 했다. 또한 찬성과 반대를 교대로 해보니 어느 입장이 더 옳다고 생각하는 것이 어렵다는 소감을 말했다.

이에 대해 미국의 심리학자 엘런 랭어는 인간은 자신의 관점으로만 생각하는 '확증 편견'의 경향이 있다고 말했다. 자신이 지지하지 않는 정당의 사람이 모순되는 말을 하면 그 허점을 잘 집어내지만, 지지하는 정당의 사람이 똑같은 언행을 하면 그것은 잘 눈치채지 못한다는 것이다. 즉 자신이 믿는 주장은 논리적으로 강력하게 말할 수 있고, 자신이 믿지 않는 주장을 하게 되면 근거를 대지 못하고 자신 있게 말하지도 못한다. 따라서 주제별 찬반 토론의 역할을 다 맡아보면 이러한 확증 편견을 깨고 유연한 사고를 할 수 있게 된다. 아이들도 이런 토론을 하고 나면 양쪽 입장이 모두 이해가 된다는 말을 한다. 이러한 사고가 전환되는 경험을 해보면서 아이들도, 교사도 학부모도 토론을 한다는 것이 자기가 가진 편협한 사고에서 벗어나고 고정된 생각을 깨는 대단한 공부임을 제대로 느끼게 된다.

책 속의 보물찾기

장기려 선생님의 이야기에서 각자 마음에 와닿은 감동적인 문장을 찾아 마음에 든 이유를 함께 적어서 한 사람씩 돌아가며 이야기한다. 문장을 글로 한 번 쓰면 마음에 새겨진다. 또한 자신이 쓴 표현을 생활 속에서 활용하면서 어휘력과 표현력을 확장하는 활동이 책 속의 보물찾기다. 옛 선조들도 초서를 통하여 문장력을 키우기도 하고 자신의 생각을 정립해나가기도 했다. 초서란 책을 읽으면서 자신의 개인적인 생각에 따라 필요한 부분을 발췌해서 옮기는 것을 말한다. 다산 정약용 선생은 평생 책을 읽으며 초서를 했고, 이러한 초서를 통해 수백 권에 이르는 저술을 할 수 있었다. 초서하는 부분이 곧 자기의 생각이 머물고 마음에 남는 부분이다. 따라서 마음에 와닿은 문장을 그대로 옮겨 적고 그 이유를 쓰는 것이 곧 독후감이다. 따라서 책을 읽고 마음에 드는 문장 또는 문단을 그대로 옮겨 적는 공책을 마련하여 꾸준히 쓰면 생각의 성장과 변화를 기록할 수 있다.

하루에 하나, 실천 하브루타

아이가 자주 읽었던 책 한 권을 선택하여 부모도 읽어봅시다. 그리고 "이 책에서 가장 마음에 와닿은 감동적인 부분."을 찾아서 소리 내어 읽어 봅시다. "왜 이 문장이 마음에 드는지."를 서로 말해봅시다. 그리고 "가장 궁금한 것이 무엇인가?"라고 서로에게 질문하고 이야기해봅시다. 일주일에 1~2회는 자녀와 함께 해보면 책 읽을 때의 태도와 관점이 달라진답니다.

02 스스로 생각하고 질문하는 습관을 가지게 하라

생각하는 방법을 가르쳐야지, 생각해 낸 것을 가르쳐서는 안된다.
– 코넬리우스 구를리트(독일의 건축가)

전래동화와 속담, 격언, 고사 성어로 하브루타 하라

『탈무드』는 유대인들이 태어나면서 평생 동안 그 뜻을 탐구하고 삶에서 실천하는 일종의 문화이다. 역사와 예술, 과학 등 많은 영역의 내용이 담겨 있는 역사이자, 문화를 탐구하는 힘으로써 소수의 유대인이 세계의 역사와 경제, 정치, 예술을 이끌어가는 저력을 갖도록 해준다. 지혜의 보고인 『탈무드』로 토론하는 것도 매우 뜻깊은 일이지만 우리나라의 역사 속에도 사고의 힘을 기를 수 있는 책이 많다. 특히 전래동화와 속담, 격언, 고사성어 등에는 짧지만 깊은 삶의 철학이 들어 있다. 따라서 이러한 것을 매개로 하브루타를 해도 아이들과 생활 속에서 끊임없이 생각하고 질문하는 습관을 들이기에 좋다.

다음은 속담으로 하브루타를 한 사례 중의 하나이다. 속담들을 보여주고 자신이 가장 많이 들었거나 토론하고 싶은 속담을 선택하기로 했다. 많은 아이들이 '등잔 밑이 어둡다.'를 선택해 토론했다. 토론을 처음 시작할 때는 내용을 잘 알고 있는 속담이나 책으로 시작하는 것이 좋다. 속담한 문장으로 질문 만들기를 해봤다.

– 등잔이 무엇일까? / 등잔이 무슨 뜻일까?

– 왜 등잔 밑이 어두울까?

– 왜 등잔 밑이 어둡다고 했을까?

– 등잔 밑이 정말 어두울까?

– 등잔 밑이 어두우면 어떻게 될까?

– '등잔 밑이 어둡다.'가 무슨 뜻일까?

기초적인 질문이 낱말의 뜻이나 개념을 묻는 질문이다. 낱말이나 개념의 의미를 알아야 그 다음 질문을 할 수 있기 때문이다. 아이들은 "'등잔'이 무엇일까?"를 자주 질문했다. 그래서 나는 다시 되물었다.

교사: '등잔'이 무엇인지 묻는 친구가 왜 이렇게 많을까?

아이 1: 지금 안 쓰는 말이라서 잘 모르는 친구들이 많아서 그래요.

교사: 지금 안 쓰는 말인 줄 어떻게 알지?

아이 2: 지금 쓰는 말이면 '전등 밑이 어둡다.'고 했을 것인데 그런 말을 안 쓰고 등잔이라고 해서 그래요.

교사: 등잔이 옛날에 쓴 물건인지는 그럼 어떻게 알았지?

아이 3: 텔레비전에서 봤어요. 그릇 같은 것에 촛불처럼 막대에 불을 붙여서 밝혔어요.

아이 4: 전등 쓰기 전에 옛날에는 초를 사용했는데 그보다 더 옛날에는 그릇이나 컵처럼 생긴 것에 있는 심지 같은 것에 불을 붙였어요. 그게 등잔이에요.

교사: 등잔의 뜻은 잘 알게 되었네. 그럼 '등잔 밑'은 왜 어두울까?

아이 5: 등잔에 불이 있는데 바로 밑에는 불이 안 비쳐요.

아이 6: 아! 등잔 바로 밑에는 그림자가 있어요. 그래서 다른 것이 안보여요.

(중략)

교사: "'등잔 밑이 어둡다.'는 것은 무슨 뜻일까?"라고 질문을 했네. 무슨 뜻일까?

아이 2: 등잔 밑이 가까운데 뭘 못 찾는다는 뜻이에요.

교사: 왜 가까운데 못 찾지?

아이 3: 음, 대강 찾으니까 바로 밑에 가까이에 있는데 못 찾는다는 뜻이에요.

아이 4: 맨날 자기가 찾는 곳만 찾아요. 저도 그런 적이 있는 데 연필이 책상에서 굴러 떨어졌는데 맨날 찾는 것처럼 책상 아래만 계속 찾았어요. 그러다가 나중에 가방 안에 있는 것을 발견했어요. 다른 곳도 찾아야 해요.

아이 2: 자세히 안 찾아서 그래요.

아이들은 등잔 밑이 어두우면 어떻게 되는가? 다른 불도 밑이 어두운가? 다양한 질문으로 더 토론을 했다. 가장 중요한 시사점은 아이들이 어떤 낱말이나 개념을 모른다고 해도 배경지식과 토론을 통한 정보 교환, 그리고 문장의 행간이나 앞뒤 맥락을 분석하여 충분히 알아낼 수 있다는 것이다. 뜻을 모른다고 바로 사전을 찾거나 인터넷 검색을 할 필요가 없다. 사전 속 뜻풀이가 아닌 문장의 앞뒤 문맥을 통한 유추, 여러 사람과의 대화를 통해 알아낸 의미가 자신의 삶과 관계있는, 살아 있는 지식이 된다. 그리고 늘 사용하는 속담을 의심하고 정말 어두운지 실험이나 조사를 해보고 분석하는 사고의 과정 속에서 뇌가 단련되어간다.

질문한다는 것은 자신이 무엇을 알고 무엇을 모르는지를 안다는 뜻이다. 그래서 질문과 대답은 메타인지의 학습이라고 할 수 있다. '등잔이 무엇인가?'라고 물었을 때 그 아이는 자신이 등잔이란 정보에 대해 모르고 있다는 것을 안다는 뜻이다. 그래서 질문은 중요하다. 정보를 가르쳐주기보다 질문을 유도하는 것이 위대한 이유이다. 질문하는 습관은 또한 자연스럽게 집중하고 경청하는 태도를 갖게 한다. 이야기를 나누면서 그 다음 질문을 하려면 상대의 이야기를 잘 들어야 하는 것은 물론, 거기서 의문을 가져야 하니 상대의 이야기를 분석하고 비판하는 뇌가 작동하게 된다. 이러한 과정을 끊임없이 거치는 동안 생각하는 힘이 생기게 된다. 뇌의 뉴런이 시냅스들로 연결되어 네트워크를 이룬다는 의미이다. 우리의 뇌에는 약 1,000억 개의 뉴런이 있고 이러한 뉴런들을 연결하는 시냅스가 있다. 공부를 한다는 것은 뉴런끼리 시냅스로 연결된다는 뜻이다. 공부를 잘한다는 것은 정보가 많이 들어 있기도 하지만, 정보들끼리 네트워크를 잘 이룬다는 의미이다. 공부를 못한다는 것은 뇌에 정보를 많이 가지고도 연결하지 못하고 있다는 뜻도 된다. 뉴런을 활성화하면 연결되어 남고, 뉴런이 쓰이지 않으면 제거된다.

뇌의 발달에 있어 가장 나쁜 영향을 주는 것은 같은 경험의 반복이다. 뇌는 새로운 것을 받아들이면 그것에 적응하기 위해 연결하고 움직인다. 그러나 늘 같은 생각과 행동에는 반응을 하지 않는다. 그래서 아이들에게 새로운 호기심을 갖도록 환경을 조성하는 일이 중요하다. 호기심을 탐구하고 새로운 생각을 하도록 하는 데는 개방적이고 허용적인 분위기가 매우 중요하다. "~하지 마라."거나 "안 돼!"라고 하면 새로움에 대한 도전력과 호기심이 떨어지게 된다. 그래서 긍정적인 생각이 중요하다. 무엇이든 해도 괜찮은 허용적인 분위기 속에서 실패의 두려움 없이 새로운 시도를 할 수 있게 된다.

하버드 대학교의 심리학자 엘런 랭어는 인간의 뇌는 무심mindlessness 또는 전념mindfulness 상태로 활동한다고 했다. 무심한 상태의 뇌는 수십, 수백 번 반복한 행동으로 인해 고의적으로 생각할 필요 없이 머릿속에 저장된 정보를 따르게 된다. 전념의 뇌는 자신이 반응하는 것을 지켜보고 자신의 행동을 의식적으로 생각한다. 다른 것과 비교도 하고 새로운 방법으로 보기도 하고 다른 사람의 시각으로 생각해보기도 하며 대상을 깊이 생각한다. 이러한 무심한 뇌와 전념하는 뇌는 서로 연결되어 있어 어떻게 사고하는 훈련을 하느냐에 따라 다르게 발달한다고 하며 "무심 상태는 자동 조종장치를 켜놓은 것과 같다."고 말했다. 랭어 교수는 학생들을 두 그룹으로 나누어 한 가지 물체에 대해 한 그룹에게는 "이 물건은 강아지들이 가지고 노는 씹는 장난감이다."라고 하고, 다른 그룹에게는 "이 물건은 강아지들이 가지고 노는 씹는 장난감으로 쓸 수도 있다."라고 말했다. 실험 후 지우개가 필요한 상황이 생기자 두 번째 그룹의 학생들만 그 고무 장난감을 지우개로 사용했다. 즉, 절대적인 말을 조건부로 바꾸기만 해도 뇌는 전념 상태가 되고 새로운 아이디어를 떠올리게 된다. 그래서 사고가 유연해야 한다는 것이다. 아이들과 생활 속에서 절대적인 언어를 다르게 생각해보는 습관을 가져보자. "A는 B이다."를 "A는 B가 될 수도 있다."로 바꾸어보자. 그로 인한 다양한 생각을 서로 나누면 그 과정이 얼마나 재미있을 것인가? 이러한 사고가 생활 속에서 습관이 되면 공부든 일이든 새로운 발상과 계획을 만들 수 있을 것이다.

아이와 함께 "A는 B이다."를 "A는 B가 될 수도 있다." 로 바꾸어 생각을 나누어봅시다.

"컵은 물을 마시는 도구이다."

"컵은 물을 마시는 도구일 수도 있다."

"그러면 또 컵은 무엇이 될 수도 있지?"

"컵은 꽃을 꽂아 놓을 수도 있고, 또……."

"의자는 앉는 것이다."

"의자는 앉는 것일 수도 있다."

"그러면 의자는 무엇을 하는 것도 되지?"

"의자는……."

한 가지 사물로 무궁무진하게 생각을 확산할 수 있어요.

03 질문하면 뇌가 깨어나고 호기심이 생긴다

중요한 것은 질문을 멈추지 않는 것이다.
호기심은 그 자체만으로도 존재할 이유가 있다.
– 앨버트 아인슈타인(독일의 물리학자)

질문은 호기심이다. 그러나 질문하는 사람은 대체로 답을 알고 있다

아이들과 함께 길을 걸어가다가 잠시 뒤에서 한 번 지켜보라. 아이가 어떤 길로 가는지를. 현장체험학습을 가면서 줄을 세워 걸어갈 때면 많은 아이들은 보도블록을 쌓아 놓은 라인 위를 걷거나 벽 쪽으로 붙어 가면서 뭘 만지거나 한다. 길을 바른 자세로 걷는 일에 충실하지 않는다. 물론 교사나 부모는 위험한 일이 생길 수도 있으니 주의를 주고 세심하게 관찰하면서 가야 한다. 아이들은 모험적이고 새로운 것을 좋아한다. 아이들에게 보이는 모든 것은 호기심 가득 찬 신기하고 궁금한 사물들이다. 모든 것이 놀이의 도구인 셈이다. 우리는 올바른 길이라는 '틀' 속에 '교육'이란 이름으로 아이들을 획일적인 모습으로 만들어왔다고 할 수도 있다. "하지 마라.", "그건 그렇게 만지거나 사용하는 것이 아니야.", "다른 아이들은 했다면서? 너도 해야지?"라고. 아이들을 제각기 자기만의 모습으로 호기심 속에서 살도록 환경을 만들어주어야 한다. 질문의 시작은 궁금함, 호기심이다. 호기심은 질문으로 표현된다.『질문의 7가지 힘』의 저자 도로시 리즈는 '질문하면 답이 나온다. 질문은 생각을 자극하고 정보를 얻게 한다. 질문을 하면 통제가 되고 마음을 열게 되고 질문은 귀를 기울이게 하며 질문에 답하면 스스로 설득이 된다.'라고 질문이 가진 힘에 대해 말했다. 질문은 생각하게 하고 문제를 해결하도록 해준다. 그런데 우리나라는 질문하는 대신 듣고, 질문에 대한 답을 열심히 읽고 쓰면서 외워서 시험을 친다. 지식을 암기하여 기억해내는 일은 변화하는 미래 사회에서 도움이 되지 않는다. 다양한 사회는 정해진 답이 없고 상황 따라 해결 방법이 다르기 때문이다.

『천재가 된 제롬』의 저자 유대인 제롬은 '3년 안에 5천만 달러 벌기.'와 '경영학 박사 되기.'의 2가지 목표를 이루기 위해 유대인식 두뇌 계발법을 자신에게 적용했다. 그는 두뇌 계발 훈련으로 '상상하기'와 '한 곳에 머무르지 않기', '대화하며 공부하기'를 강조했다. 그는 낯선 곳에서의 감각은 예민해져 주의를 기울이게 되고 그래서 분명하게 기억을 하게 되는 것과 같은 원리로 새로운 곳에서 공부하라고 권한다. 또한 사람은 움직일 때 기억력이 향상되는 것이 과학적으로 증명이 되었다고 말하며, 공부가 지루해지면 몸을 움직이고 질문과 대화로 논쟁하라고 했다. 네덜란드 그로니겐대학 연구팀에서도 공부할 때 몸을 움직이면 학습 능력이 향상된다는 연구 결과를 발표했다. 7~8살 아동 500명을 대상으로 두 그룹으로 나눈 후 2년 동안 수학, 외국어, 과학의 3개 교과를 주 3회 30분씩 교육했다. 한 그룹은 책상 앞에 앉아 공부하도록 하고 다른 그룹은 점프와 여러 보폭으로 걷기와 스쿼트 등의 신체활동을 하면서 공부를 하도록 한 결과 암기력이 필요한 외국어에서 특히 효과가 높았으며 실험 교과 모두에서 고루 높은 점수가 나왔다.

연구를 맡은 마리즈케 뮬렌더 위즌스마 교수는 문제를 풀 때 몸을 움직이면서 하게 되면 한 번 더 생각하는 행위가 반복되면서 기억력과 사고력을 높이는 결과를 가져온다고 했다. 따라서 "신체활동은 반복·암기 등에 긍정적인 영향을 미친다는 결론을 얻어냈다."고 밝혔다. 제롬은 한국을 방문하여 인터뷰에서 "천 년 전에 쓰인 유대 민족의 책을 보면 '몸을 움직이면 정신이 기억을 더 잘한다.'라고 적혀 있습니다. 실제로 몸을 앞뒤로 흔들면서 공부를 하면 기억이 더 잘 됩니다. 몸을 흔들면 두뇌에 산소공급이 활발해져서 두뇌 활동이 활발해지거든요. 천 년 전 이야기가 현대에 와서 과학적으로 증명된 경우죠."라고 몸을 움직이며 공부하면 학습 능력이 향상된다고 말하면서 공원에서 산책을 할 때 걷다가 좋은 아이디어가 떠오른 경험을 예로 들었다.

우리의 교실 모습을 보면, 아직도 대부분의 시간동안 앉아서 정보를 받아들이거나 이해하고 읽고 쓰는 활동을 한다. 동양에서는 예로부터 혼자 조용히 책 읽고 성찰하는 방식으로 공부를 해왔기 때문이기도 하다. 그러나 우리나라의 역사 속에서 살펴보면 선조들이 서로 논쟁하며 학습하고 책의 좋은 구절을 서로 낭송으로 주고받는 때가 있었다. 뇌의 발달에서도 확인할 수 있듯이 이제는 교실에서 움직이며 활동적으로 공부하도록 패러다임을 바꾸어야 할 때다. 학습자 중심의 능동적인 수업 전략 중 액션 러닝에서도 설명이나 시범과 같이 교수자가 주도하여 학습이 이루어지는 전통적인 방식을 거부한다. 팀이 과제를 해결하기 위해 함께 탐구하고 질문하고 서로 토의하는 과정에서 학습이 이루어진다. 여기서 교사는 지식 전달자가 아니라 코치로서 끊임없이 학습자와 질문을 주고받으며 문제 해결에 접근한다.

빕 바이크의 『창의적 교수법』에서 학습자의 75%는 혼자 학습하기보다는 단체로 학습하는 것을 선호하는 것으로 나타났다. 학생들에게 학년 말에 교육 과정 운영에 대한 설문조사를 해봐도 모둠 학습, 협동 학습 형태로 과제를 해결하는 형태를 선호했다. 이러한 결과는 교실에서 학생들의 좌석 배치에도 시사하는 바가 크다. 우리는 모두 반 학생들이 다른 학생들의 뒷모습을 보며 앉아 있다. 이런 구조의 좌석 배치는 다른 학생들의 반응이나 학습 활동 모습을 관찰할 수 없는 구조이다.

4장 똑똑한 아이 만드는 하루 10분 생각 습관 하브루타

아이들이 서로의 궁금한 것을 질문하고 대화하게 하려면 마주보고 앉아서 다른 학생들의 학습 모습을 서로 볼 수 있도록 배치하여야 한다.

생각도 근육이다. 훈련과 습관으로 생긴다

생각도 근육이다. 근육은 규칙적인 습관에 의해 만들어진다. 호기심도 하나의 훈련이고 습관이다. 『효녀 심청』 책을 읽고 토론을 하며 재미있는 부분을 찾아 서로 나눠보는 활동을 했다. 처음에 아이들은 "재미있는 곳이 없는데요.", "이 책은 해피엔딩이긴 하지만 심청이도 가난하고 죽고 슬프잖아요." 하고 이야기했다. 부분의 상황이나 인물의 표현에서 재미있는 부분을 찾을 수 있을 거라고 다시 한 번 읽어보도록 했다. 그러자 인물의 표정이나 상황, 행동의 재미있는 부분을 찾아냈다. 궁금함도 다른 시각으로 다시 생각해보는 훈련을 통해 길러진다. 따라서 새롭게 뒤집어 생각할 수 있도록 아이들을 안내해야 한다.

우리나라 학생들은 세계에서 공부하는 시간이 가장 많다. 부모의 교육열도 세계 단연 1위이다. 그럼에도 공부에 대한 흥미도와 동기는 낮다. 유대인들의 교육열도 세계 1, 2위를 다툴 만큼 유명하다. 우리나라의 공부는 시험을 위한 지식을 암기하는 것에 제한되어 있다. 유대인들은 공부가 곧 생활이다. 모든 공부의 내용은 생활의 행동과 관계가 있다. 교통법규를 어기는 사람을 보았다면 법과 관련된 성경구절과 연결하여 질문하고 토론한다. 얼마 전 학부모 대상의 연수에서 한 어머니가 책을 읽어 주는데 아이가 자꾸 질문을 해서 "잘 이해를 못하나 보다. 왜 이렇게 사 사건건 질문을 하지?" 하고 속상했다고 말했다. 아이는 무궁무진한 질문 을 하면서 생각이 자라는데 부모가 잘못 알고 있어서 아이를 책도 이해 못하는 아이로 생각할 뻔 했다며 미안한 마음이 든다고 했다. 앞으로는 그 어머니의 태도가 달라질 것이다. 그러면 아이는 지지 속에서 더욱 더 적극적으로 질문하고 답을 찾게 될 것이다. 그래서 부모가 제대로 아는 것이 중요하다. 새로운 것에 대한 앎은 곧 생각의 변화를 가져온다.

사물이나 책도 자세하게 관찰해야 호기심이 생긴다. 아이에게 자세히 관찰하게 하면 아이들은 많은 호기심을 발현하여 질문한다. 특히 질문 만들기를 놀이로 하면 아이들은 부모는 생각지도 못하는 기발한 질문들 을 만들어낸다. 우리의 뇌는 새로운 것에 반응하며 뉴런이 시냅스들끼리 연결되어 발달한다고 했다. 하루 한 가지라도 사물을 보면서 질문을 만 들어보고 그 질문에 서로 대답해보는 시간을 가지면 어떨까? 이제 듣기 공부 시대는 끝났다. 자신이 궁금한 것을 물어보고 서로 대답하는 시간 을 가지는 것이 필요하다. 4차 산업혁명의 시대는 창의성을 요구하고 집 단 지성과 소통의 시대다. 혼자서 '나만' 잘하는 시대가 아니다. 공동 사 고를 통해 새로운 아이디어를 내는 시대이다. "천재는 1%의 영감과 99% 의 노력으로 만들어진다."는 말을 많이 한다. 이 1%를 영재성, 타고 나는 것으로 생각할 수도 있다. 그러나 에디슨은 처음 떠오르는 1%의 영감은 독서를 통해 얻었다고 했다. 그래서 도서관을 가장 중요하게 생각하며 자신의 연구소를 지었다고 한다. 꾸준한 독서를 통한 사고로 호기심은 길러지는 것이다.

하루에 하나, 실천 하브루타

하루에 한 가지씩 주변에 있는 사물을 정하여 관찰한 내용과 궁금한 것을 공책에 꾸준하게 적어봅시다. 부모와 자녀가 각각 한 가지 사물을 다르게 정하는 것도 좋지만 처음에는 자신 없어 할 수도 있기 때문에 한 가지 사물에 대해 함께 관찰하여 적는 것도 좋은 방법입니다.
시작하기 전에 질문해봅니다.

"우리 각자 한 가지씩 정하고 따로 적을까? 한 가지를 같이 관찰하고 같이 적는 것이 좋을까?"
"같이 하면 어떤 점이 좋을까?"
"각자 따로 할 때 좋은 점은 무엇일까?"

함께 대화해보고 시작해봅시다.

04 하브루타는 자기주도 학습으로 이끈다

유능한 사람은 언제나 배우는 사람인 것이다.
— 요한 볼프강 폰 괴테(독일의 문학가)

미래 교육은 '얼마나 아는가?'가 아니라 '얼마나 할 수 있는가?'이다

인터넷 유튜브 사이트에서 'THE PEOPLE VS. THE SCHOOL SYSTEM'이라는 영상을 찾아보면, 재판장에서 배심원들에게 학교를 고발하며 재판관들에게 학교에 유죄를 선언해야 한다고 주장한다. 학교의 유죄를 고발하는 변론인은 21세기의 미래 학생들을 20세기의 교사가 19세기의 교실에서 가르치고 있는 현재의 교육 시스템의 책임을 묻는다. 모두를 똑같은 능력을 가진 사람으로 만들기 위한 목표를 향하여 물고기에 빗대어 설명한다. 물고기에게 나무타기 능력을 평가하고 못하면 낙제생으로 취급하고 학교는 물고기가 나무를 타거나 내려오는 능력을 갖게 만든다고 비판한다. 또한 전화기와 자동차가 150년 전과 지금 모습이 다른데 비해 150년 전의 교실과 현재의 변하지 않은 교실의 모습을 풍자하며 교육의 방향을 제시한다. 의사가 개개인에 맞는 약과 주사로 처방하듯 학교도 제각기 다른 성향과 능력과 수준의 학생들에게 그에 맞는 맞춤식 교육이 되어야 하건만 시대가 바뀌어도 획일적인 내용과 방법의 교육에서 벗어나지 못하고 있음을 신랄하게 비판한다.

제 4차 산업혁명의 급변하는 미래 사회에서 획일적인 교육은 더 이상 존재할 수 없다. 미래 사회는 사물 인터넷으로 원하는 정보는 즉시 검색이 가능하여 외울 필요가 없다. 정보와 지식을 얼마나 많이 알고 있는가는 중요하지 않다. 자신에게 맞는 정보와 지식이 무엇인지를 스스로 아는 능력, 그 정보와 지식을 종합하여 재구성하는 능력, 새롭게 창조하는 능력이 중요하다. 이러한 시대의 학습으로 더 이상 듣기, 외우기, 지식 꺼내기, 혼자 조용히 공부하기와 같은 방법은 효력이 없다. 21세기 미국 지식포럼에서 발표한 미래의 핵심역량은 인성을 바탕으로 한 협동과 소통, 자발성이다. 미래 교육은 '얼마나 아는가?'가 아니라 '얼마나 할 수 있는가?'가 중요한 시대이다. 그래서 '역량'이라고 표현한다. 이러한 자발적인 역량은 허용적인 분위기를 먹고 자란다. 어떤 생각과 아이디어든 허용해주는 개방적인 분위기에서 주도성은 더욱 발휘된다.

'질문의 힘'과 독서의 사고력에 관련한 책을 집필한 사이토 다카시는 주도적인 역량과 질문을 던지는 능력의 중요성을 말했다.

"나는『능력 있는 사람들은 무엇이 다른가』에서 3가지 능력을 설명했다. 누가 가르쳐주지 않아도 스스로 핵심을 훔쳐 기술을 터득하는 '흉내 내기 능력', 이것과 관계 있는 '정리 능력', 그리고 요약하고 질문할 수 있는 '논평 능력'이다. 이 3가지는 사회에서 살아남기 위해서는 반드시 필요한 능력이다."

하브루타는 질문으로 시작한다. 질문한다는 것은 자신이 무엇을 알고 있는지, 모르고 있는지를 구별하는 과정이다. 질문한다는 것은 자신이 모르는 것을 묻는 것이다. 따라서 자신의 지식을 선별하는 메타인지라고 할 수 있다. 또한 자기 언어로 질문하고 상대인 짝과 토론하면서 자기 스스로 다양한 자료를 통해 근거를 찾아야 한다. 어떤 정보가 필요한지 스스로 찾고 선택한다. 이렇게 주도적인 활동을 통해 자신의 질문에 대해 답을 찾는 과정이므로 자기주도적인 역량이 키워진다. 독일의 심리학자 헤르만 에빙하우스는 몇 가지 실험을 통해 일반적으로 학습자가 어떤 내용을 배운 후 1시간이 지나면 50%, 하루 후에는 60%, 일주일이 지나면 70%, 한 달 후에는 80%를 망각하게 된다는 것을 밝혀냈다. 그러나 이어서 5회 이상 주기적인 반복이 누적될 때 망각을 이기고 기억을 잘하게 되며 필요할 때 정보를 인출할 수 있게 된다. 그리고 그 학습활동은 수동적으로 듣거나 보는 것보다 토론이나 다른 사람에게 가르쳐줄 때 90%가 기억에 남는다고 했다. 하브루타 토론은 이러한 반복의 과정을 다양한 활동으로 하게 해줌으로써 흥미와 반복의 시간을 준다. 자신의 언어로 질문하고 스스로 배경지식과 다양한 정보를 동원하여 대답하는 과정을 통해 능동적인 학습을 하게 되어 오랫동안 기억에 남는다.

율곡 이이가 지은 『격몽요결』의 '입지장' 편에 보면 이런 이야기가 있다.

"나무가 반듯하게 만들어지는 것은 먹줄을 튀기고 자르기 때문이다. 똑같은 나무라도 이것을 휘어서 수레바퀴로 만드는 것은 역시 연장을 가지고 깎아내기 때문이다. 그러나 일단 수레바퀴가 된 이후에는 그 나무의 성질은 굳어버려서 다시는 반듯한 상태로 되돌아가지 않는다. 그것은 그 나무를 휘어서 수레바퀴로 만들던 그 기운이 그렇게 만들어버린 것이다."

이것은 나무를 어떻게 쓰느냐에 따라 결과가 바뀌는 것을 빗대어 학문의 꾸준한 증진을 채찍질하는 의미로 볼 수가 있다. 지식이나 정보가 소프트웨어라면, 지식과 정보를 받아들이는 장치는 하드웨어이다. 자동차에 많은 부품들이 다 쓰임이 있고 중요하지만 그중에서도 엔진의 역할과 중요성이 높다. 그리고 바꾸기도 어렵다. 이런 면에서 학습의 방법은 엔진에 비유할 수 있다. 따라서 학습 방법을 바꾸기 어렵고 한 번 체득하는 데도 오랜 시간이 걸린다. 그러나 습관이 되고 나면 학습의 저력은 엄청나다. 나무를 연장으로 휘기 어렵지만 한 번 휘면 그 성질이 굳어 원상태로 돌아가지 않듯이, 책을 읽으면서 자기 주도적으로 호기심을 갖고 탐구하고 조사하는 습관이 들면 비판적이고 논리적인 사고력과 창의적인 아이디어가 무궁무진한 사람으로 성장할 것이다.

책을 스스로 고르게 하고, 질문을 결정하게 하라

소리 내어 공부하는 효과를 연구한 수잔 디렌데는 미국의 어린 아이들이 학교에 다니기 시작하는 무렵에는 가정형편에 따라 성공의 차이가 나지 않는다고 했다. 그러나 어떤 일을 기점으로 아이들의 과제의 질이 갈린다고 했다. 가정 형편이 어려운 아이는 대개 뒤처지고 형편이 좋은 가정의 아이는 선두를 달리는데, 그 차이는 고차원적인 사고를 훈련받아서라는 것이다. 교육 전문가 스탠 포그로는 인터뷰에서 "4세에서 8세까지는 읽기를 배우며, 3학년 이후에는 배우기 위해 읽는다."라고 하며 고차원적인 읽기를 위해 일반화, 맥락화, 종합화, 그리고 전략화의 4가지 지적 능력을 배운다고 했다. 이 능력들은 '소크라테스적 방법.', 즉 기본적으로 질문을 던져 가르치는 문답식 방법으로 이루어지는 것이다. 교사는 학생들에게 구체적인 방법을 가르쳐주지 않는다. 단지 학생들에게 문제 해결 방법에 대해 질문을 던져 해답으로 가는 길을 안내한다고 한다. 교사는 학생이 자신만의 논리적 결론에 이를 때까지 아이디어를 충분하게 설명하도록 돕고 이 과정이 자동적으로 내면화되어 스스로 적용할 때까지 지속한다. 이에 비해 우리의 교육법은 학생들에게 가능한 친절하게 문제 해결방법과 예시 등을 안내한다. 예시를 보여주면 학생들은 그 예를 벗어나지 않고 거의 유사한 방법으로 해결하는 경우가 많다. '나'만의 특별한 생각과 방법이 없다. 이러한 현상이 일어나 저자는 수업할 때 예시를 들지 않거나 다양한 예시를 안내한다. 또 아이들에게 예시를 말하게 한다. 예시는 문제 해결에 고정된 틀을 제공하게 되는 위력이 있어 창의적인 사고에 장애가 되기도 하기 때문이다. 그들은 특히 고차원적인 자기주도적인 사고 능력을 습득하기 위해서 복잡한 사고를 반드시 말로 표현하도록 하고 있다. 그러면서 지식과 경험을 자신의 독자적인 사고로 연결하는 과정을 끊임없이 거치면서 그들은 질문한다. 아이 자신의 삶과 꿈, 미래에 대한 역량이 있는가에 대해 "마타호셰프네 생각은 어떠니?", "왜 그렇게 생각하니?"라고.

요즘 아이는 물론 성인들도 '결정 장애 증후군'을 가진 사람이 늘고 있다. 실제로 식사할 고객 대신 메뉴를 정해주고 그것을 배달해주는 온라인 사이트가 있다고 한다. 해외 토픽에서도 자신의 취향과 기호를 알려주면 과학적인 데이터 분석으로 성향을 알아내어 그에 맞게 코디네이터

결정력은 강한 의지와 충만한 자신감에서 실행된다.
자신의 결정에 대한 신뢰,
잘 할 수 있다는 긍정적 자신감에서 결정하는 능력을 갖게 된다.

4장 똑똑한 아이 만드는 하루 10분 생각 습관 하브루타

가 의상, 식사 메뉴 등을 대신 선택해 배달해준다는 소식을 접한 적도 있다. 때로는 당사자가 어떤 영화를 선호할지 분석해서 영화를 권하기도 한다. 우리의 아이들에게도 이런 '결정 장애 증후군'이 나타난다. 결정하는 것을 어려워하고, 뭐든지 다른 사람이 정해주기를 바라고, 때로는 중요한 것을 가위 바위 보로 결정해버리는 경우도 있다. 대부분 어릴 때부터 오로지 '공부만 잘해라.'라는 부모의 뜻에 따라 부모가 정해주는 학교와 학원을 다니며 부모의 지시를 받는다. 이 습관이 성인이 될 때까지 이어진다. 선택이란 고민을 많이 해야 하는 것이므로 아예 귀찮아지는 것이다. 자기주도성은 '결정'하는 능력이다. 스스로 도서 선택, 질문 선택, 대답에 필요한 정보 탐색과 결정을 할 수 있는 능력이 필요하다. 이러한 결정력은 강한 의지와 충만한 자신감에서 발현된다. 자신의 결정에 대한 신뢰, 잘할 수 있다는 긍정적 자신감에서 결정하는 능력을 갖게 된다.

하루에 하나, 실천 하브루타

슬리퍼, 컵 등 가정에 필요한 물건이나 소품을 사러 가족이 쇼핑을 갈 때 "어떤 것이 좋을까?" 질문하고 서로가 선택한 것에 대해 사야 하는 이유를 말해보면 어떨까요? 우리 집에 왜 이것이 더 어울리는지, 왜 이 컵이 좋은지에 대해 근거를 대며 서로 대화하고 누가 선택한 것으로 살지 결정해봅시다. 늘 논리적으로 말하게 되는 습관이 시작됩니다.

05 생각 네트워크로 가장 좋은 답을 찾게 하라

끈기있게 생각해서 해결되지 않는 문제는 없다.
– 볼테르(프랑스의 작가, 사상가)

왜 꼭 답을 찾아야 하는가? 질문을 찾게 하라!

중학교 입시가 있던 시절, 어느 해 자연 과목에 '엿을 만들 때 엿기름 대신 넣을 수 있는 것은 무엇인가?'를 묻는 문제가 출제되었다. 당화작용을 알고 있는지 확인하는 문제로 정답은 1번 디아스타아제였다. 그런데 2번 무즙을 답으로 선택한 학생의 학부모들은 초등학교 교과서에 '침과 무즙에도 디아스타아제가 들어 있다.'라고 적혀 있다며 오답 처리에 대해 반발했다. 자기 자녀의 답을 정답으로 인정해달라고 소송을 했고, 결국에는 2가지 다 정답으로 인정한다는 판결이 난 일이 있었다. 이러한 정답 싸움은 대학 수능에서도 간간이 일어나 사회적인 문제가 되기도 한다. 사지선다형, 오지선다형, 단답식 답 쓰기 등 오로지 하나의 정답만을 강요해온 우리의 교육으로 인해 이런 문제가 일어난다. 왜 하나의 답만이 존재해야 하나? 우리는 삶을 현명하고 행복하게 살기 위해 '배운다.' 그 배움을 위해 학교에 간다. 학교는 정답을 알려주는 곳이 아니다. 문제가 일어났을 때 잘 해결하는 능력을 키우도록 도와야 한다. 이 세상은 정답으로 살아갈 수 없다. 왜냐하면 어디에나 적용되는 한 가지 답이란 존재하지 않기 때문이다. 사람의 관점에 따라 문제를 해결하는 답이 다양하고 문제의 해석도 입장마다 다르다. 이런 것들에 대한 답이 중요한 것이 아니라 입장마다 다른 이유와 어떤 것이 가장 좋은 답일 것인지에 대한 생각의 공유와 나눔이 필요하다 그 생각들끼리의 연결, 네트워크에서 생각의 힘이 생기는 것이다.

페이스북의 설립자 마크 저커버그, 세계적인 영화감독 스티븐 스필버그, 상대성 이론의 앨버트 아인슈타인, 미래학자 앨빈 토플러, 정신분석학자 프로이트 등 역사의 큰 획을 그은 이 사람들은 유대인이다. 이들을 만든 것은 유구한 역사 속에서 문화로 숨 쉬는 하브루타 생각 습관이다. '과연 옳은 것인가?', '더 좋은 방법은 없는가?', '다른 대안은 무엇인가?'로 끝없이 새로운 생각을 하고 모든 것을 의심하고 따져서 묻는 비판적이고 자유로운 생각이 이러한 위인들을 만드는 것이다. 끊임없는 의문은 뇌를 자극한다. 하브루타는 '하베르', 즉 짝을 의미하며 짝과 함께 토론하는 것을 말한다.

우리도 교실에서 오래 전부터 짝토론을 했다. 즉 하브루타를 해왔다는 것이다. 어떤 점에서 유대인들의 토론과 다른 것일까? 내가 맡은 2학년 아이들은 짝을 이루어 한 가지 질문을 놓고 계속 대답하고 그에 대한 질문을 또 하고 답했다. 이 과정에서 "질문을 계속 해서 그에 대해 답을 생각하려니 생각할 시간도 필요하고 어렵기도 하다.", "질문을 하려고 하니 여러 가지 생각해야 되고 머리가 어지럽기도 했다."라고 했다. 이것이 뇌가 성장하려고 하는 상태이다. 질문과 답을 하려면 지금까지 알고 있던 배경지식도 떠올려야 하고, 질문에 대한 정보를 찾아봐야 하고 정리하여 말하도록 재구성도 해야 한다.

이러한 활동을 꾸준히 하면 뇌가 자극이 되고 무궁무진한 새로운 생각들을 불러일으킨다는 것을 알 수 있다. 우리의 교육에서는 이러한 토론이 없었다는 것이다. 삶의 본질과 연관되어 해답을 찾아가는 오랜 시간의 대화, 끝없는 의문과 비판으로 새로운 답을 찾아보는 생각의 깊이에 시간을 투자해야 한다.

다양한 해답을 구하는 생각의 힘을 기르기 위한 접근으로 답을 먼저 아이들에게 제시하고 답이 될 수 있는 질문 만들기를 하면 재미있고 쉽게 할 수 있다. "'고양이', '사과', '사각형'이 답이 되는 질문을 만들어라."라고 하면 아이들의 무궁무진한 창의력을 엿볼 수 있다. 수학은 더욱 더 재미있다. 답이 '8'인 질문 만들기를 해보자.

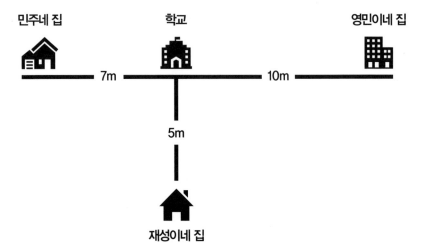

민주네 집   학교   영민이네 집

7m   10m

5m

재성이네 집

2학년 수학의 '길이재기' 단원을 보면 이런 문제가 있다. '학교에서 누구의 집이 가장 가까운가?' 이 질문에는 하나의 답만 있고 생각할 필요가 없다. 그러나 '누가 가장 일찍 학교에 도착할까요?'라고 질문한다면 답은 여러 가지이다. 민주와 재성이와 영민이 중 누가 가장 빨리 학교에 도착하느냐는 여러 가지 전제 조건이 있어야 한다. 민주가 가장 일찍 도착할 수도 있다. 영민이가 답일 수도 있고, 재성이일 수도 있고, 3명이 같이 도착할 수도 있다. 누가 일찍 오든 그에 따른 전제 조건이 달라진다.

짝과 함께 이러한 질문에 대해 토론한다면, 물리적인 거리가 중요한 것이 아니라 다양한 상황을 고려해야 한다는 것을 알게 될 것이다. 이렇게 다양한 관점에서 생각할 수 있는 기회를 아이들에게 줘야 한다.

앞과 같은 문제에 대해 토론한다면 아이들은 해당되는 사람에 대해 타당한 근거와 해결 방법을 찾기 위해 조사하고 치열하게 토론할 것이다. 실제로 수업시간에 아이들과 이 문제로 토론하는 것을 매우 흥미로워하고 시간 가는 줄 모르고 토론에 몰입했다.

질문 하나하나, 또한 대답도 아이의 수만큼 다르다

다음의 문제는 『질문하는 공부법, 하브루타』에 나온 문제다. 이 문제에 대해 아이와 함께 또는 온 가족이 토론해보자. 배상해야 할 사람이 다를 것이다. 같다고 해도 이유가 다를 수 있다.

공원에 긴 벤치가 있고 다섯 사람이 앉아 있었다. 그런데 여섯 번째 사람이 와서 앉자 벤치가 부러지고 말았다. 어떻게 할까? 만약에 이 벤치의 가격이 10만 원이라면 배상해야 하는 사람은 누구인가?

『흥부전』을 읽고 토론하면 일반적으로 "놀부처럼 욕심을 많이 가지면 안 된다.", "형제간에 잘 지내야 한다.", "생명을 존중해야 한다."는 천편일률적인 교훈을 말하게 된다. 그러나 모두가 질문을 만들고 하브루타로 그에 대해 토론하면 질문도 다양하지만 질문 하나하나에 대한 답도 아이의 수만큼 다르다. 다양한 질문들 중 많은 아이들이 "놀부는 언제부터 욕심이 많았을까?"라는 질문을 만들었다. 나는 왜 이것이 궁금한지를 되물었다. "왜 그것이 중요하게 생각되고 궁금했나요?"라는 질문에 아이들은 각자 대답했다.

"어릴 때 어떤 특별한 사건이 있어서 그 후로 욕심이 많아진 것은 아닐까? 그 사건은 어떤 것일까 궁금해요."

"태어날 때부터 욕심이 많았다면 부모가 어떻게 키워야 할까 궁금했어요."

"같은 형제인데 흥부와 너무 다르고 부모가 왜 그대로 두었는지 알고 싶어요."

자신이 겪은 형제와의 경험을 연결하여 토론을 이어갔다. 다양한 답을 듣는 과정을 통해 아이들은 사람마다 다양한 관점이 있고 생각이 다르다는 것을 늘 존중하고 인정하는 태도를 배우게 된다. 생각들의 네트워크 속에서 가장 좋은 답은 어떤 것인지 왜 그런지에 대해 토론하면서 자신의 생각을 내려놓고 수용하는 태도도 배우게 된다. 주제와 새로운 도서를 다룰 때마다 아이들은 각자가 다른 생각을 갖고 있음을 발견하고 상대의 다른 생각들 속에서 스스로 '배움'을 체험하면서 자연스럽게 인성적인 태도를 갖추어가게 된다.

하루에 하나, 실천 하브루타

위의 두 가지 문제를 아이와 함께 읽고 각자의 답과 그에 대한 이유를 말해보아요. 온 가족이 함께 풀이하고 서로의 답과 이유를 말하는 것도 재미있는 시간이 됩니다. 그리고 누구의 답이 가장 논리적인 근거를 갖고 있는지, 왜 그렇게 생각하는지에 대해 토론해봅시다. 이런 끝없는 토론을 할 때 생각들이 연결되고 재구성되고 새로운 아이디어가 무궁무진하게 창조됩니다.

06 가장 힘이 되는 것은 생각의 힘이다

> 나는 무언가를 철저하게 이해하고 싶을 때마다 질문을 한다.
> 다른 사람이 아니라 나 자신에게. 질문은 단순한 말보다 더 깊은 곳까지 파헤친다.
> 말보다 열 배쯤 더 많은 생각을 이끌어낸다.
> – 윌리엄 제임스(미국의 철학자)

생각의 힘을 키우려면 어려운 문제를 다루도록 연습하라

2007년 뇌의 가소성에 대해 연구한 드웩 교수는 고정형 사고방식뇌의 능력이 고정되어 있다는 생각 학생들을 두 그룹으로 나누어 한 그룹은 그대로 수학 학습 방법을 가르치고 다른 한 그룹은 성장형 사고방식을 가지는 교육을 통해 뇌가 연습을 통해 변할 수 있음을 증명했다. 이 연구 결과, 성적이 오른 학생의 76%가 성장형 사고방식을 가진 학생으로 나타났다. 그는 자전거 타기나 수영과 같은 기능을 익히는 데 얼마나 많은 연습이 필요했는지에 대해 상기시키면서 두뇌도 연습으로 힘을 키울 수 있는 근육에 비유한다. 운동의 습관으로 근육을 만들 수 있듯이 무언가 열심히 하면 뇌는 그 방향대로 해부학적으로 변화한다. 이것이 뇌의 가소성이다. 따라서 쉬운 문제와 환경을 주면 거기에 길들여지고 어려운 문제나 환경에 노출되면 뇌도 거기에 단련이 된다. 생각의 힘을 키우려면 그에 부응하는 어려운 문제를 다루도록 해야 하는 이유가 그것이다.

생각의 힘을 키우려면 고전을 읽어야 한다는 말을 많이 한다. 왜 고전일까? 한 기업의 CEO가 회의 때마다 불만이 있었다. 한 주제에 대해 아이디어 회의를 하면 간부거나 평사원이거나 직급에 상관없이 좀처럼 말을 하지 않아 회의가 진행되지 않았다. 그래서 CEO는 모두에게 『사기』를 어느 부분이든 10분씩 읽고 회의를 시작하자고 했다. 그후 언제부턴가 아이디어들이 쏟아지고 회의가 활기가 있어졌다. '왜 이런 일이 일어났을까?' 고전은 현실적인 문제에 직접적인 해답을 주지는 않는다. 문제를 해결할 수 있는 힘을 주는 것이다. 고전을 읽는다는 것은 한 마리 생선을 주는 일이 아니라 생선을 잡는 방법을 알게 해주는 것이다. 이 생각의 힘을 길러야 한다. '생각은 우물을 파는 것과 같아서 처음에는 흐려져 있지만 차차 맑아진다.'는 중국 속담이 있다. 고전을 통하여 생각하는 훈련, 생각의 체제를 갖추도록 해야 한다.

생각의 힘은 의문을 갖고 질문하는 데서 시작한다. 우리는 질문에 익숙하지 않다. 질문은 곧 자신의 무지를 밝히는 일로 여긴다. 잘 모르면 어떤가? 우리 사회에서는 잘 모르는 것을 부끄럽게 여긴다. 그래서 아이들이 수업을 하다가 공부가 잘 안 되어서 개인적으로 오후에 좀 더 보충하기 위해 남아서 하자고 하면 친구들에게 부끄럽게 생각한다. 부모도 자기 아이가 오후에 남아서 조금 더 공부하고 이해하도록 해서 보내려고 하면 아이의 자존심이 상한다거나 상처를 받는다고 가정에서 지도할 테니 보내라고 말하는 경우도 있다. 이런 문화에서 벗어나야 한다.

'공자천주孔子穿珠'라는 말은 공자가 구슬을 꿰는 방법을 몰라 아낙에게 물어보았다는 뜻으로, 자기보다 못한 사람에게 모르는 것을 묻는 것이 부끄러운 일이 아님을 말해준다. 순자도 "묻는 것을 즐겨 하면 너그럽고 군자의 배움은 묻는 것을 주저하지 않는다는 뜻이다."라고 했다. 모르는 것이 부끄러운 일이 아니며, 노력으로 충분히 알 수 있다는 것에 오히려 자신감을 가지는 태도가 필요하다. 자신이 잘 모르고 있음을, 잘 이해하지 못하고 있음을 아는 것만으로도 훌륭한 배움의 자세인 것이다.

그러면 어떻게 의문을 질문으로 만들 것인가? 우리 주변의 모든 것들에 대해 우리는 당연하게 생각한다. 그 당연함을 뒤집어 생각해보는 것에서 생각은 시작된다.

'왜 나는 이 학교를 다니지?'
'내가 원하지 않았는데 왜 나는 주장을 하지 않았지?'

책을 읽으면서도 마찬가지다. 고전은 좋은 책이다. 그렇다고 모든 생각을 수용하면서 "그렇지!"라며 읽으면 안 된다. 니체의 책을 읽으면서 '왜 신은 죽었다고 했을까?', '신은 어떤 의미인가?' 작가의 고민을 직접 해보면서 해답을 찾는 과정에서 생각하는 힘이 누적되는 것이다. 생각의 힘을 길러주는 방법의 하나가 토론이다. 책을 읽어도 이해가 안 될 때 토론이 필요하다. 우리는 독서토론이라고 하면 자신이 책을 읽고 여러 가지에 대해 생각하고 그것을 정리하여서 토론 자리에서 생각을 말하는 것으로 알고 있다. 그래서 책을 읽고도 잘 모르면 사람들은 준비가 덜 되었다고 토론 자리에 나오기 어려워한다. '토론'은 발표의 자리가 아니다. 토론의 과정은 책을 '읽는' 과정이다. 말로써 읽는 과정이다. 책을 읽고 완전하게 알게 된 생각을 다른 사람에게 알리는 자리가 아니다. 모르는 것을 질문하고 대답하고 그에 또 질문을 이어서 서로 다른 생각들을 나누면서 이해를 하는 과정이 토론이다. 그래서 어려운 책일수록 토론이 필요하다.

질문을 하겠다는 마음을 가지면 듣거나 책을 읽는 관점이 달라진다

토론 모임의 한 회원은 『차라투스트라는 이렇게 말했다』를 몇 번을 읽어도 잘 이해가 되지 않는 부분이 많았고 다른 회원이 재미있는 부분을 말하면 그런 내용이 있었는지 기억이 나지도 않는다고 했다. 그런데 함께 공감이 가는 부분과 궁금한 부분에 대해 대화하면서 내용에 대한 이해가 되었다고 말했다. 우리는 '보이는 대로' 읽기보다는 자기 관점과 관심 위주로, 즉 '보고 싶은 대로' 읽는 경우가 많다. 관심을 가지지 않는 부분은 읽어도 기억에 남지 않는 경우가 많다. 그런데 어려운 내용이나 다른 사람이 관심을 가진 내용에 대해 함께 질문하고 대화하는 과정 속에서 이해가 되는 경험을 하게 되면서 '토론'의 묘미를 느꼈다는 소감을 말했다. 토론은 이렇게 생각하는 능력을 갖도록 해준다. 내가 담임을 하고 있는 2학년 아이들도 처음에는 질문에 대해 '생각하는 것.'에 대해 어려워했다. 정해진 답을 찾아 말하는 공부에 길들여져 있었기 때문에 생각하는 일도, 그 생각을 자기 언어로 표현하는 일도 어려워했다. 우리의 생각은 일반적으로 저절로 '일어나는' 것이다. 어떤 일에 대한 감정과 생각이 저절로 일어나는 경우가 많기 때문이다. 여기에서 벗어나 무언가에 대해 주도적으로 '생각하는 일'을 습관화하는 것이 필요하다.

주도적으로 생각하려면 질문하려고 노력해야 한다. 누군가의 이야기를 들을 때 질문을 하겠다는 마음가짐으로 경청해보자. 집중하고 진지하게 듣게 된다. 무슨 이야기를 하는지 잘 이해해야 그에 대한 질문을 할 수 있기 때문이다. 그래서 생각하는 힘은 잘 듣는 태도에서 시작된다. 책을 읽을 때도 마찬가지이다. 질문을 하겠다는 마음으로 읽으면 읽는 관점이 달라진다. 아이들과 토론할 때에도, 수업시간에도 질문을 해보자고 하면 책을 정말 꼼꼼하게 읽고 무슨 내용의 글인지 잘 살펴보는 태도를 관찰할 수 있다. 사물을 볼 때도 마찬가지이다. 아이들에게 식물을 관찰하면서 질문을 해보자고 하니 평소와는 달리 세심하게 관찰했다.

"왜 한 개의 잎만 먼저 노랗게 시들어갈까?"
"왜 줄기에 잎이 나란하게 나는 것과 어긋나게 나는 것이 있을까?"

평소 관심 없거나 당연하다고 생각한 것들에 대해 의심하고 궁금함을 느끼게 되는 것이다.

이러한 태도는 '훈육'을 통해서 이루어진다. 『아직도 가야할 길』의 저자 모건 스콧 펙은 삶의 문제들을 해결하기 위해 필요한 기본적인 도구는 훈육이라고 말한다. 훈육이란 즐거운 일을 뒤로 미루고 책임을 지는 행동을 하는 것, 진리에 대해 헌신하며 균형을 잡고 살아가는 것을 의미하며 이러한 것들은 부모가 아이들을 감탄하며 바라보고 '부모의 시간을 아이에게 줌'으로써 길러진다고 했다. 부모가 바치는 긍정적인 시간의 질과 양이 아이가 자신의 존재에 대해 소중함을 느끼게 되고 이러한 감정을 통해 부모로부터의 믿음을 가지게 된다. 이러한 믿음의 바탕에서 아이는 자신의 어떤 생각이든 끄집어낼 수 있고 도전적인 생각을 하게 된다. 일회성이 아니라 지속적으로 반복되는 습관에서 의도적으로 스스로 생각하는 능력이 길러진다. 이것은 마치 물이 100도가 되어야 끓고 상태가 액체에서 기체로 변하듯 비행기가 적당한 속도로는 하루 종일 달려도 상공을 나르지 못하는 것과 같이 임계점을 넘어야 한다. 물리적인 물체의 변화에도 어느 정도의 임계점을 지나야 하듯이 생각의 힘도 길러지려면 지속적인 생각의 습관으로 근육을 만들어야 한다. 이와 같이 생각을 키우기 위한 바탕은 아이의 존재에 대한 가치를 늘 깨우쳐 주어 자신의 가치를 높게 보고 높은 자존감으로 자신의 생각에 자신감을 갖도록 해주어야 한다.

하루에 하나, 실천 하브루타

생각하고 질문하는 힘은 자신감과 당당함에서 출발합니다. 지금 내 아이에 대해 당연하다고 믿고 있는 점은 무엇인지 생각해보고 적어봅시다. 그리고 아이에게 말해주세요.

"네가 식사 때마다 감사하다고 말하는 게 참 자랑스럽네."
"처음 시작하는 ○○를 힘들텐데도 잘해나가고 있어. 믿음직스러워."

당연한 아이의 모습 모두 사실은 감사한 일들입니다.

07 책이 아이의 삶에서 살아 움직이게 하라

학자가 날마다 공부에 힘쓰는 것은
바르게 공부함으로써 공부한 것을 실천하기 위함이지,
입으로 이치를 논하기 위함이 아니다.
– 퇴계 이황(조선의 학자)

책이 삶 속에서 살아 움직이도록 하려면 습관을 들이는 것이 필요하다

〈로렌조 오일〉이란 영화는 원인을 알 수 없이 죽어가는 희귀병에 걸린 아이를 살려내는 부모의 이야기이다. 아이의 병을 치유하는 해결 방법을 찾기 위해 불철주야 도서관과 연구소를 찾아다닌다. 부부는 의학 논문과 여러 관련 자료를 구하고 함께 연구하여 치료 방법을 알아내게 된다. 이 외에도 다른 나라의 경우 문제가 있으면 도서관으로 달려가서 자료를 찾고 의문을 가지고 새로운 문제를 해결한다. 이렇게 책과 도서관은 삶의 문제 해결의 중심에 있다. 책이 삶의 문제를 해결하는 도구로써 존재한다. 예로부터 독서는 곧 삶이었다. 다산 정약용은 어떤 환경에서도 자신의 본분을 지키기 위해 책을 읽었다. 그리고 책 한 권을 읽어도 백성들이 혜택을 누릴 수 있도록 해야 한다고 생각했다. 사회의 문제와 백성들의 어려움을 해결하지 못하면 독서가 아니라고 했다. 빌 게이츠도 자신의 사업에 위기가 오거나 새로운 비즈니스 모델을 만들 때 늘 책에서 아이디어를 얻는다. 우리는 책을 통해 삶을 발전시키고, 사고하는 능력을 함양하는 시간이 필요하다.

책을 읽는다고 사람의 삶이 다 변화하는 것은 아니다. 인간의 행동을 좌우하는 사고와 성격은 가변적이지 않고 오랜 세월에 거쳐 형성된 것이기 때문이다. 그러나 때로 한 권의 책이 한 사람의 인생을 획기적으로 변화시키기도 한다. 미국의 작가 헨리 데이비드 소로는 "한 권의 책을 읽음으로써 자신의 삶에서 새 시대를 본 사람이 너무나 많다."라고 말했다. 우리는 책의 한 글귀에 마음을 바꾸기도 하고, 삶의 자세를 바꾸기도 한다. 책이 삶 속에서 살아 움직이도록 하려면 습관을 들이는 것이 필요하다.

2015년, 문화체육관광부가 성인 대상의 '국민독서실태조사'에서 독서를 못하는 이유로 "일이나 공부 때문에 바빠서."와 "책 읽기가 싫고 습관이 들지 않아서."가 약 68%였다. "책을 읽을 만한 마음의 여유가 없어서." 도 12.9%를 나타냈다. 우리는 책의 수많은 간접 경험을 통해 사고하고 삶을 발전시킨다. 따라서 책이 삶에 도움이 되도록 가까워지는 기회를 만드는 일이 필요하다.

독서 전문가들은 스스로 책과 가까이 하는 기회를 만들라고 말하고 있다. 독서모임에 가입하거나 책을 읽고 권하거나 추천하는 기회를 만들라고 한다. 나는 독서모임의 회원으로 아침독서편지 메일링 편집 위원으로 활동하고 있다. 월 2회 책을 읽고 추천 글을 전 회원들에게 메일로 보내는 것이다. 처음에는 책을 소개하는 글을 쓴다는 것이 부담스러웠지만, 책을 소개하기 위해 좋은 책을 찾고 선택하여 읽고 책 속의 보물 같은 문구를 찾다 보니 추천의 글을 쓰는 패턴을 익힐 수 있었고 늘 책을 가까이 하게 되었다.

이렇게 가족과 지인에게 좋은 책을 권하는 기회를 만드는 것도 좋은 방법이다. 가족이나 친구들과 함께 읽지는 못하더라도 자신이 읽은 좋은 책을 권할 수는 있다. 미래 사회에서 책은 소통의 도구이다. 한 권의 책을 가족이나 친구와 공유함으로써 식사 시간이나 만남의 시간에 자연스럽게 대화가 이어지고 공통된 사고를 나눌 수 있다. 책을 통한 소통의 시간을 통해 자신의 삶과 관계되는 이야기가 나오고 책 속에서 지혜를 얻게 될 것이다.

'왜 책을 읽는가?' 자신이 책을 읽는 목적을 생각해보자. 그래야 책으로 인해 변화하는 삶을 살 수 있다. 책을 내 것으로 하려면 자신의 관심 분야나 전문성과 관련된 책을 연결해서 계속 읽는 것이 중요하다. '내가 원하는 것이 무엇인가?'를 끊임없이 질문하면서 책을 읽어야 대답을 찾는 과정에서 삶의 지혜를 얻게 된다. 요즘의 독서를 '생산적 독서', '독서혁명'이라고 이야기 한다. 그것은 단순히 지식을 얻고 교양을 쌓거나 여가를 활용하는 책읽기가 아니라 독서를 통해 자기 성장, 자기의 혁신을 가져오도록 하는 것을 말한다. 자기 성장과 자기 혁신이란 독서가 주는 역량을 갖추어가라는 것을 의미한다. 스티브 레빈은 『전략적 책읽기』에서 문장을 질문으로 바꾸는 습관을 가지라고 한다. 책을 읽고 당연하다는 생각을 뒤집어 의문을 갖고 바라보는 시각이 새로운 생각을 하게 해준다. 이러한 책이 인문고전이다. 인문고전의 스토리를 따라 읽다 보면, '어떻게 살아야 하는가?'라는 질문을 던지게 되고 인간의 본성을 들여다보게 된다.

책은 삶과 대화하게 해주는 소통의 도구이다

윌리엄 골딩의 『파리 대왕』을 읽으면 인간 내면의 본성, 그 야만성은 어디까지인가, 사회가 인간을 얼마나 지켜줄 수 있는가를 보여준다. 봉화를 피워 올리며 배를 기다리자는 미래 준비형 랠프 파와 언제 올지도 모르는 배를 기다리느니 사냥이나 하자는 현실주의 잭 파는 미래와 현실 중 어느 것을 중시하겠느냐고 우리에게 묻는다. 이런 이야기는 우리의 삶 속에 늘 존재한다. 따라서 이런 책을 읽으며 끊임없이 질문으로 삶이 깨어있게 독서를 해야 한다. 『효녀 심청』이나 『흥부전』과 같은 이야기도 진부한 옛날이야기에 머무는 것이 아니다. 예전에 이 이야기로 가족 독서토론을 하도록 안내했더니 학부모들은 지금 시대에서도 어떻게 살아야하는가를 서로 논하는 데 손색이 없는 좋은 소재였다고 소감을 표현했다.

"이야기와 관련한 질문에 대해 서로 대답하면서 아이들이 어떤 생각을 갖고 있는지 자연스럽게 알 수 있어서 좋았다. 책과 질문을 통하지 않고 아이들과 생각을 나누기는 어려웠을 것 같다."

아주 짧은 내용의 책이라도 가족이 함께 읽고 대화하는 일은 그래서 중요하다. 서로의 생각을 자연스럽게 나누도록 매개체가 되어주기 때문이다.

책이 자신의 삶과 떨어져서는 의미가 없다. 어떤 책을 읽더라도 자신의 경험과 생각을 연결하여 자신의 것으로 만들도록 해야 한다. 그러기 위해서 롤모델을 찾아보고 그가 쓴 책을 읽고 삶의 습관을 벤치마킹하는 것이 독서의 실천 방법 중의 하나이다. 그것이 독서습관과 삶의 실천에 동기 부여가 된다. 나는 오프라 윈프리의 역경을 이겨내온 삶의 모습을 존경한다. 그녀는 사생아로 태어나 사촌 오빠로부터의 강간, 어머니의 남자 친구로부터의 성적 학대와 미숙아 사산 등 삶의 구렁텅이로 빠지는 어린 시절을 이겨냈다. 유색 인종에 대한 차별 속에서도 좌절하지 않고 당당한 자신을 내보이고 미국 최고의 토크쇼의 여왕으로 불린다. 불행한 성장 과정과 성공한 삶의 극과 극을 이루는 삶의 비결은 무엇일까? 그녀는 어린 시절 아버지가 일주일에 한 권은 꼭 책을 읽도록 해준 경험을 감사하게 여기고 있다. 항상 자신이 가진 것들에 대한 감사 일기를 쓰며 지적 탐구와 성찰을 통해 열정적으로 자신을 가꾸어갔다. 한 선배가 그녀에게 인종 차별이 심한 남부 지방에서 흑인으로서 성장하던 시절은 매우 고통스러웠을 텐데 어떻게 지냈느냐고 물었다. 그녀는 대답했다.

"노력하는 사람의 우수함에는 아무런 차별이 없다는 사실을 어린 시절에 깨달았어요."

그리고 '독서가 내 인생을 바꿨습니다.'라고 자신의 삶을 바꾼 독서의 중요성을 강조했다. 그녀의 삶과 책을 읽으며 나는 하고 있던 일상에 대한 감사의 행동을 좀 더 강력하게 감사 일기 쓰기를 실천한다. 그리고 많은 사람들을 감동하게 하는 그녀의 공감 능력을 배우려고 노력한다.

창조는 모방에서 시작되고 우리는 모방의 동물이다. 아이든 어른이든 좋은 행동은 따라 하기 마련이다. 아이와 함께 삶의 롤모델을 찾아보는 것도 독서에 관심을 가지게 하고, 자연스럽게 하브루타를 시도할 수 있는 일석이조의 경험이 될 것이다. 생활 속에서 늘 그와 관련된 대화를 하고 서로 질문하는 아름다운 토론의 시간을 시작할 수 있는 기회가 될 것이다.

하루에 하나, 실천 하브루타

아이와 함께 책을 읽으면 책 속의 사건이나 인물의 행동과 비슷한 자신의 경험을 떠올려 이야기 해 봅시다. 예를 들면, 『흥부전』의 형에게 무시당하거나, 형으로서 다른 사람을 무시한 일, 동물을 돌봐준 경험 등 어느 책이나 조금만 생각의 시간을 가지면 다 있답니다. 책은 현실을 바탕으로 썼기 때문이에요. '나라면 어떻게 했을까?' 생각을 나누어보는 것도 좋아요.

찬성/반대 토론 신호등   찬성/반대 토론 종이컵   찬성/반대 토론 칼라 스틱

신호등 토론을 해봅시다. 신호등 카드를 만들기 어려우면 위와 같이 색깔 종이컵이나 색깔 스틱을 활용할 수도 있습니다.

1. 책을 읽고 가족 또는 친구와 함께 찬성과 반대의 입장을 생각할 수 있는 질문을 만들어봅시다.

2. 만든 질문 중 토론이나 투표를 통해 좋은 질문 한 가지를 선택합니다.

3. 한 가지 주제에 대해 찬성과 반대 입장을 정하여 토론해봅시다.

4. 찬성은 빨강으로 할지, 초록으로 할지 함께 약속으로 정합니다. 예) 찬성—초록, 반대—빨강

5. 색깔 신호등을 들고 나와 다른 색깔의 신호등을 든 사람을 만납니다.

6. 토론한 후 입장을 바꾸어 찬성한 사람은 반대를, 반대를 주장한 사람은 찬성을 맡아 토론해봅시다.

입장 바꾸어 생각해요 (예:『효녀 심청』,『흥부와 놀부』)

다음과 같은 문장으로 자기 생각을 말해봅시다. 몇 번 반복하여 토론하다 보면 자기도 모르게 찬성과 반대의 이유와 생활에서 본 사례 등을 근거로 말하는 힘이 생겨납니다.

예) 나는 '심청이가 아버지를 위해 목숨을 버린 일은 잘한 일이다.'라는 것에 (찬성/반대)합니다. 왜냐하면 ~하기 때문입니다. 또 ~할 수도 있기 때문에 이 일에 대해 (찬성/반대)합니다.

– 심청이가 아버지를 위해 목숨을 버린 일은 잘한 일이다.

찬성(예)	반대(예)
아버지의 눈을 뜨게 하기 위해 자신을 희생한 행동이므로 훌륭한 일이다. 결국 공양미를 주고 목숨을 바쳤기 때문에 용왕님이 살려주어 아버지가 눈 뜨게 된 것이라 잘한 일이다.	자신이 죽으면 아버지를 돌볼 사람이 아무도 없게 되어 아버지가 더 힘든 생활을 하게 되므로 잘못한 일이다. 공양미를 주어서 눈 뜨게 된 것은 아니니까 속은 것이다.

– 흥부의 착한 성격은 본받을 만한 일이다.

찬성(예)	반대(예)
이 세상에는 양보하는 사람이 있기 때문에 유지된다. 모두 자기 욕심만 챙기면 늘 싸움이 일어날 것이다.	양보만 하고 쫓겨나니 가족들이 평생 고생이다. 그래서 착한 성격이 본받을 만하다고 할 수 없다.

4장 똑똑한 아이 만드는 하루 10분 생각 습관 하브루타

5장

하브루타로
꿈 너머 꿈을 꾸게 하라

01 뚜렷한 목표를 가진 아이로 자라게 하라

> 만일 당신이 배를 만들고 싶다면,
> 사람들을 불러 모아 목재를 가져오게 하고
> 일을 지시하고 일감을 나눠주는 일을 하지 마라.
> 대신 그들에게 저 넓고 끝없는 바다에 대한 동경심을 키워줘라!
> – 생텍쥐페리(프랑스의 소설가)

아주 사소한 것이라도 해보고 싶은 일, 원대한 꿈들을 적어보자

얼마 전 ○○시에서 각 학교 회장들을 대상으로 리더십 교육을 했다. 미래 사회를 대비하여 갖추어야 할 역량에 대해 다양한 활동을 했다. 약 60여 명 중 자신의 꿈이나 롤모델, 꿈 목록을 갖고 있는 학생은 5~6명에 불과했다. 우리 학교의 학급 리더 대상으로 조사해도 마찬가지였다. 어디를 가는지도 모르고 버스를 타고 가다가 나중에 버스로는 갈 수 없는 곳이 목표였다는 것을 알게 되면 어떻게 할 것인가? 그대로 목적지를 바꿀 것인가? 다시 처음으로 되돌아갈 것인가? 가야 할 목적지를 알아야 그에 맞는 수단을 정할 수 있다. '나는 어떻게 살 것인가?'에 대한 질문을 해야 내가 할 '무엇'을 정할 수 있다. 배가 목적지를 향해 가면 '항해'지만 목적지 없이 가면 '표류'라는 말이 있다. 아이 자신이 어떤 삶의 그림을 그리고 싶은지 목적도 없이 무조건 지식을 쌓는 공부에 매달려 하루를 보내는 일을 그만두고 자신의 미래에 대해 차분하게 생각하는 시간을 가져야 할 것이다.

중학생 대상으로 자기주도 학습 수업을 할 때의 일이다. 비전과 시간 관리의 구체적인 계획, 학습 전략 등에 대해서 배운 후 소감을 말하는 시간이었다. 3학년 한 여학생이 떨리는 목소리로 말했다.

"지금까지 공부를 정말 열심히 해왔다. 그런데 성적이 조금만 내려가면 무섭고 공부를 해도 등수가 떨어질까 봐 늘 불안했다. 그러나 이제는 시험을 못 친다고 해도, 성적이 내려간다고 해도 불안하지 않을 수 있는 마음이 생겼다. 왜냐하면 나는 절벽에서 떨어진 것이 아니고 잠시 넘어진 것이기 때문이다. 넘어지면 다시 일어나면 되니 두려운 일은 아니다."

그 학생은 학교에서 늘 1등을 한다고 했다. 그 학생은 수업 과정 중 링컨이 선거 때마다 떨어지고 이혼과 파산 등의 역경 속에서도 끝까지 자신의 길을 가서 대통령이 된 영상을 보고 감동을 받았다고 했다.

"내가 걷는 길은 늘 험하고 미끄러웠다. 그래서 나는 자주 길바닥에 넘어졌다. 그 때마다 나는 곧 기운을 차리고 나 자신에게 이렇게 말했다. 괜찮다. 길이 약간 미끄럽기는 해도 아직 낭떠러지는 아니지 않은가!"

그 학생은 이제사 공부해야 하는 이유가 무엇인지, 자신이 무엇을 위해 가고 있는지를 찾고 정하게 되어서 성적이나 어려운 일에 대해 자신감이 생겼다고 했다.

경제협력개발기구OECD가 발표한 '2012 국제 학업성취도평가PISA' 결과에서 우리나라는 수학의 평균점수가 OECD 회원국 가운데 가장 높았다. 2위인 일본과도 18점이나 차이가 났다. 그러나 수학에 대한 흥미와 즐거움에 의한 학습 동기를 평가하는 '내적 동기'는 조사 대상 65개국 중 58번째로 낮았다. 우리나라 학생들은 수학 성적이 훌륭하지만 수학에 대한 흥미도 없고 수학이 미래의 자신의 삶에 별로 쓰이지 않을 것으로 생각한다는 결과가 나왔다. 우리나라 학생들의 수학에 대한 '자아효능감'은 62위, '자아개념'은 63위였다. 외적인 요인에 의한 공부는 오래 가지 못한다. 낮은 내적 동기로 공부를 하니 우리나라 학생들의 불안과 스트레스도 다른 나라에 비하면 높다는 결과가 나왔다.

우리나라의 학생들은 높은 지능과 높은 학업 능력을 가졌다. 잠재력이 우수하다. 아이들의 건강한 삶을 위해 자신이 정말 좋아서 하는 일이 무엇인지 찾아줘야 한다. 획일적인 공부, 누구나 같이 걸어가는 명문대학교 입학을 소망하는 것에서 벗어나 각자의 개성을 찾아 갈 수 있도록. 부모가 바라는 자녀의 인생길을 설계하지 않아야 한다. 한 진로 상담 사례가 있다.

중학교 2학년 민서는 여행가이드가 되고 싶어 한다. 이 진로 희망을 들은 어머니는 까무러칠 정도로 충격을 받았다. 어머니는 민서를 의과대학에 보내려고 했기 때문이다. 그러나 민서는 자신의 실력이 그만큼도 아닐뿐더러 여행지에서 관광객을 안내하고 자신도 여러 곳에 다니는 일을 하고 싶어 한다.

"그게 돈이 되니? 사람들 챙겨야 하고…. 그게 여행이니? 안 돼."

"난 내가 하고 싶은 일을 할 거란 말예요. 성적도 의과대학 수준도 안 되고, 만일 된다고 해도 난 거기 안 가요."

어머니는 남 보기 창피하다고, 아이가 아직 세상을 모른다고만 하면서 생각을 굽히지 않았다.

이런 갈등은 부모 자식 간에 자주 볼 수 있는 모습들이다. 부모의 걱정도 일리가 있지만 자녀가 자신의 삶을 설계하도록 지원하는 방향으로 부모의 걱정도 바뀌어야 할 필요가 있다. '아들은 아버지의 꿈이다.'라는 말이 있다. 그만큼 부모는 자녀가 자신의 꿈을 대신 이루도록 하는 존재로까지 생각한다는 뜻이다. 좋은 의미도 있겠지만 그 자녀는 자신의 삶이 아니라 부모의 삶을 사는 것이다. 이럴 때 자녀의 의견을 충분히 존중해 주는 것이 한 인격체로 대우한다는 뜻이다. 아이가 자신만의 목표를 가질 때 책 한 권 찾아 읽는 것도 공부도 열정적으로 하게 된다.

부모가 자녀의 삶을 세팅해서 이끌어가려고 하지 마라

아이의 롤모델이 누구인지 물어보고 아이와 함께 하고 싶은 일 목록을 작성해보자. 목표를 생각하는 것도 훈련이고 습관이다. 처음에는 자신이 하고 싶은 일이 무엇인지 잘 모르겠고 생각도 나지 않는다. 왜냐하면 그런 종류의 생각을 잘 안 하고 살았기 때문이다. 나도 여러 가지 공부 중에 100개의 꿈 목록을 작성하라는 과제를 수행한 적이 있다. 처음에는 가족의 건강, 내 집 마련 등 서너 가지를 쓰고 나니 더 적을 것이 없었다. 아니, 생각이 나지 않았다. 그러다 벽에 목록을 붙여놓고 생활하면서 한 가지씩 떠오를 때마다 적었다. 그랬더니 자전거를 배워서 아름다운 자연 속에서 트래킹도 하고 싶었고, 기타도 배우고 싶었고, 내가 가진 토론과 리더십에 관한 정보를 책으로 출간하여 그 정보를 통해 아이들에게 꿈을 꾸도록 돕고 싶어 하는 자신을 발견하게 되었다. 훗날 리더십 센터를 건립하여 청소년들이 꿈을 설계하고 토론으로 생각을 다져가는 문화를 만들고 싶어 하는 나의 모습을 만나게 되었다. 그렇게 100개를 적고 시간이 지나는 동안 많은 꿈들이 이루어졌다. 꿈 목록을 작성해나가다 보면 궁극적으로 자신이 무엇을 하고 싶은지 발견하게 된다. 아주 사소한 것부터, 갖고 싶고 해보고 싶은 일부터 원대한 소망들을 끝없이 적어보는 일은 중요하다.

나의 아들이 대학교 2학년 1학기를 마칠 즈음에 휴학을 하고 다른 대학교로 편입을 하고 싶다고 의논을 했다. 지금 다니는 학교에서는 아무리 열심히 해도 원하는 진로로 가기 어려울 것 같고 앞서 간 선배도 없다고 새로운 길을 찾아야겠다고 했다. 사실 아들은 우리나라의 모든 학생들이 그렇듯 자신의 의지와 희망과는 상관없는 학교에 갔던 것이다. 우리나라에서 대학의 선택은 학생 자신의 수능 성적이 정해주는 것이지 자신의 꿈이나 특기로 선택하는 것이 아니다. 아들도 성적에 맞추어 적당한 선의 적성을 찾아 입학해야 했다. 나는 우리나라의 교육 구조가 아이들로 하여금 진로에 대해 생각하고 고민할 수 있는 시간을 주지 않기 때문에 아들의 고민을 이해했고 결정에 동의했다.

아들은 6개월 동안 열심히 공부를 하여 자신이 원하는 학교로 편입했다. 자신이 갈망하는 일이었기 때문에 밤을 새고 치밀하게 학업 계획을 세워 공부했다. 물론 고등학교 때는 그 정도의 공부는 하지 않았다. 그 이유는 자신의 목표에 대한 인식이나 욕구가 강하지 않았기 때문이다. 그랬던 것도 소중한 과정이다.

인생은 컴퓨터 프로그램 세팅이 아니다. 시도하고 실패하고 다시 계획하고 수정하는 과정이 삶이다. 부모가 자녀의 삶을 세팅해서 이끌어가는 것은 자녀의 인생이 아니다.

하루에 하나, 실천 하브루타

아이와 함께 각자의 롤모델, 닮고 싶은 사람을 찾아 봅시다.

"넌 누구처럼 살고 싶어? 엄마는 예전에 OO처럼 되고 싶었어. 왜냐하면……."

부모가 먼저 이야기를 시작해봅시다. 그리고 자녀가 어떤 말을 해도 판단이나 평가하지 말고 긍정적으로 지지해주는 것이 필요해요.

02 아이의 성공보다 행복이 우선이다

자녀교육의 핵심은 지식을 넓히는 데 있는 것이 아니라
자존감을 높이는 데 있다.
– 레프 톨스토이(러시아의 작가)

성공의 기준은 '남'의 시선이나 기준이 아니다

"너를 위해 하는 일이다."

"다 너를 위해서야."

"넌 어려서 안 겪어봐서 몰라. 이 다음에 다 이해하게 될 거야."

우리나라 부모들이 자녀들에게 하는 말이다. 미리 선행학습을 시키는
것도, 조기 교육을 시키는 것도 부모의 입장에서 볼 때 자녀를 위한 일이
다. 마치 자녀의 인생을 대신 사는 것처럼 모든 것을 생각해주고 결정한
다. 부모가 자랄 땐 받지 못한 혜택을 자녀에게 주면서 자녀는 행복할 것
이라고 믿는다. 그러나 경제협력개발기구OECD 조사에 의하면 우리나라

의 학업성취도가 회원국에서 최상위를 차지하지만 행복 지수는 최하위에 속한다. 흥미와 학습의 동기 면에서 행복하지 않다. 우리나라의 교육이 경쟁 구도 속에 있고 내적인 자율성으로 공부하기보다는 외적인 부모의 요구나 자신에 대한 기대, 기준에 부응하려는 동기에서 공부를 하기 때문이라고 볼 수 있다. 또한, 성공이 '나'가 아니고 '남'의 시선이 기준인 경우가 많기 때문이다.

  내 주변의 지인과 그 자녀의 이야기이다. 학급 내에서 성적이 3등인 중학생인 자녀에게 그 부모는 반에서 1등을 원했고, 1등을 하니 축하하고 만족해야 하는데 학년에서 최고가 되기를 바랐다. 그리고 그 아이가 열심히 해서 학년 최고의 성적을 받으니 학교, 그 지역의 최고가 되어야 원하는 대학, 원하는 꿈을 이루지 않겠느냐고 계속 부추겼다. 아이들에게 물어보면 "부모는 계속 끝없이 경쟁하도록 한다."고 힘들다고 말한다. 그러다가 성적이 내려가면 자신보다는 기대하는 부모에 부응하지 못해 극단적인 선택을 하게 된다. '남보다 잘하는 것.'이라는 기준에서 이제 내려와야 한다. 아이 자신이 행복을 느껴야 어려움을 이겨낼 자신감을 가질 수 있다.

  2016년에 조사된 '세계 행복 보고서'에 의하면 가장 행복한 나라 1위가 덴마크였다. OECD가 조사한 '더 나은 삶의 질 지수'에서도 덴마크는 28

개국 중 3위였다. 덴마크의 행복한 이유는 일과 개인의 삶을 균형 있게 분배하는 것에 있다. 가장 중요한 차이는 그들은 가족과 친구들과 함께 지내는 시간을 가장 소중하게 생각하고 시간을 많이 보낸다는 것이다. 우리나라는 경제적인 지원으로 관심과 사랑 혹은 행복을 표현한다. 유대인들의 위대한 힘도 가족에서 나온다. 유대인들의 위대한 힘은 성공과 동시에 행복 지수도 높다는 데 있다. 그 비결은 하브루타에 있으며 중심은 가족이다. 가족 간의 대화 문화 속에서 탄탄한 유대감을 갖게 되고 마음의 분노나 스트레스가 없다. 행복 지수가 높은 나라의 공통점은 가족 간의 유대감과 대화이다. 그 속에서 자신감과 신뢰감을 갖고 당당하게 자신의 생각을 펼치는 것이다.

현재 행복한 아이가 미래에도 행복하다. 성공해서 행복한 것이 아니라 행복해서 성공하는 시대이다. 나는 내 아이가 성인이 되어서도 학창시절을 되돌아보았을 때 오로지 공부와 시험으로 점철된 흑막의 시절로 생각하지 않기를 바랐다. 그 시절은 공부에 대한 부담도 있겠지만 나름의 행복이 있음을 발견하고 살기를 바라며 교육했다. 내 아이는 사범대학교를 나왔지만 임용 시험을 쳐서 교사가 되는 길을 원하지 않았다. 그래서 나도 아이가 원하는 것을 지원했다.

7~8년 전 나는 여러 선생님들과 10여 일간 프랑스, 독일, 스위스 3개국을 연수로 다녀오게 되어 그때의 학교 방문과 활동한 사진을 딸에게

현재 행복한 아이가 미래에도 행복하다.
성공해서 행복한 것이 아니라 행복해서 성공하는 시대이다.

보여주게 되었다. 대학생인 딸은 "난 여행 말고 미국, 프랑스에 한두 달 살아보고 싶어요."라고 했다. 그래서 나는 "교환학생 제도도 있을 것이고 네가 찾아보면 되지." 하고 응원해주었다. 며칠 후 딸아이는 동남아시아 학교는 많은 학생을 모집하는데, 자신이 가고 싶은 나라는 소수 몇 명만 선정한다며 지레 겁을 내고 걱정을 했다. 그래서 나는 "네가 가고 싶은 곳은 동남아시아의 대학교는 아니잖아? 거길 다녀오면 미련은 없겠니? 떨어지면 내년에 또 응시하면 되고, 네가 가고 싶은 곳으로 응시해야지." 라고 했다. 그렇게 해서 딸은 미국에 있는 대학교에 두 달 교환학생으로 연수를 가서 학점을 이수하고 다양한 나라의 친구들도 만나며 생활을 마치고 돌아왔다.

얼마 후에 딸은 다른 나라에서 몇 년 살면서 사람들 살아가는 것도 보고 가르치는 일도 하고 싶다고 했다. 그래서 "학생 인턴 제도도 있고 기회는 많을 거야. 찾아보면 되지." 하고 이야기를 했다. 딸은 여러 정보를 찾아보더니 정부와 관련된 기관에서 지원하는 해외교사 지원프로그램이 있어 응시했다. 영어로 수학을 가르치는 수업 시연 평가 등 3차까지의 시험에 합격하여 미국 뉴저지의 대학교에서 1년의 프로그램과 실습을 마치고 뉴욕에 있는 고등학교에서 수학 교사가 되었다. 사정이 있어 지금은 국내에 들어와 있고, 대학원을 마치고 다시 미국으로 갈 예정이다. 딸은 자신이 꿈꾸고 원하는 대로 생활해서 행복해한다.

아이가 행복하기 원한다면 선택을 아이에게 주어야 한다

이런 말을 하면 주위의 사람들은 딸이 명문대학교, 공부를 잘해야만 가는 특수 목적 고등학교를 나왔겠다고 추측한다. 아니면 어릴 때부터 영어와 수학을 아주 잘 했겠다고 말한다. 전혀 그렇지 않다. 너무나 평범하게 자랐고 지방에서 대학교를 나왔다. 초등학교 시절에는 고학년이 될 때까지 수학을 못해 트라우마까지 있었다. 그런데 지금은 수학교사다. 꿈과 성적은 같지 않다. 이런 이유로 나는 부모 교육과 진로 교육을 할 때 딸의 예를 자주 든다. 자랑하기 위해서가 아니라 부모와 아이가 행복해지는 방법이 무엇인지, 어떻게 자녀를 지원해야 할지에 대해 도움이 되었으면 하는 마음에서이다. 내 아이가 뒤처질까봐 불안해하며 남들 따라 학원에 보내는 일을 하지 말고 아이가 무엇을 원하는지 함께 꿈꾸고 찾고 지원하라고 말해준다. 꿈을 꾸는 동안도 행복하고 또 행복하게 간절하게 바라면 꿈은 이루어진다. 진정한 꿈과 목표는 '과정'에 있다. 성공하면 행복한 시대는 지났다. 성공해도 행복하지 않다. 대체적으로 우리나라는 자녀의 성공에 행복해하는 것은 부모인 경우가 많다. 그 이유는 그 성공이 부모가 꿈꾼 계획이고 그것이 이루어지니 당연히 성취감과 행복은 부모 몫이다.

얼마 전에 모임에서 한 어머니를 만났는데 자녀의 공부가 제대로 안 되면 될 때까지 학원도 늘리고, 자신이 아이를 위해 계획한 그 그림에 맞도록 아이들을 이끌어야 한다고 했다. 행복해야 성공한다. 아이는 미래를 사는 것이 아니다. 어른을 위해 준비하는 시간이 아니다. 현재가 삶이다. 행복하게 자신이 그리는 하루를 살도록 해야 한다. 부모는 다른 아이는 못 누리는 것을 자녀에게 해주면 행복해하는 줄 안다. 초등학교 고학년이나 중학생이 되면 남과는 다른 개성적인 것을 추구한다. 그러나 초등학교 1학년은 남과 다르면 힘들어한다. 다른 아이들은 모두 만화 캐릭터 가방을 가지고 있는데 자기만 엄마가 사준 비싼 명품 가방을 메고 다니면 친구들과 같은 것을 갖고 싶어한다. 동질감에서 공감과 반가움을 느끼고 안정감을 갖게 된다. 그러니 아이가 행복하기 원한다면 선택을 아이에게 주어야 한다. "어떤 가방을 사고 싶니?", "어떤 것을 배우고 싶니?"

하루에 하나, 실천 하브루타

"오늘 하루 중 언제 제일 기분 좋거나 즐거웠어?"
"무엇을 할 때 즐거웠어?"

자녀와 대화해봅시다. 식사 때라면 온 가족이 돌아가며 이야기해봅시다. "우와! 신났겠네." 하고 단지 기분을 지지해주고 각자의 경험을 함께 공유하는 대화만으로도 힘이 됩니다.

03 하루 10분, 아이와 대화하는 시간을 가져라

> 대화의 기질은 자신의 것을 많이 보여주기보다
> 다른 이들의 기질을 많이 드러내게 하는 데 있다.
> – 라 브뤼에르(프랑스의 작가)

딱 10분 동안만 일방적인 확인 질문, 지시, 훈계, 충고를 없애라

하루 동안 부모 자녀 간에 '대화'하는 시간은 얼마나 될까? 아침이면 우리 가족들은 바쁘다. 각자 학교와 직장에 갈 준비로 아침 식사를 함께 하기도 어려운데 느긋하게 서로 무언가 묻거나 이야기를 나눌 형편이 못된다. 다른 가정도 거의 같은 사정일 것이다. 오후나 저녁의 사정도 마찬가지다. 귀가 시간도 불규칙하고 가족과 함께 시간을 보낸다고 다 대화를 하는 것은 아니다. 함께 TV에 집중해 있기도 하고 각자 할 일이 있어 대화의 시간은 더 어렵다. 아이가 오면 하는 말은 "숙제는 다 했니?", "학원은 다녀왔니?", "진도는 잘 따라가고 있니?"가 다반사다. 이와 같은 일방적인 확인 질문은 대화가 아니다. 그 외에도 지시나 훈계와 충고를 빼면 진정으로 마음을 주고받는 소통의 대화는 드물다.

　초록우산어린이재단이 5월 가정의 달을 맞아 국내 초·중·고교생 571명을 대상으로 '아동행복생활시간'에 대해 조사한 바가 있다. 이 보고서에 따르면, 청소년들이 하루 평균 가족과 보내는 시간은 단 13분, 하루 중의 0.9%이다. 반면에 학원·숙제 등 학교 밖 공부 시간과 TV·스마트폰 등 각종 미디어 이용 시간이 190분으로 상대적으로 훨씬 많았다.

　대화란 '마주 대하여 이야기를 주고받음. 또는 그 이야기'라는 뜻을 담고 있다. 상호간의 존중을 바탕으로 눈을 바라보며 표정을 보고, 언어로 상호주고 받아야 한다. 이렇게 살펴보면 제대로 대화한다는 것은 쉬운 일이 아니다.

　부모와 자녀간의 대화가 왜 이렇게 중요할까? 대체로 부모와 대화를 많이 나눈 학생일수록 학업성취도가 높다는 분석이 나왔다. 부모와의 대화는 어떤 의미일까? 부모와 아이의 대화로 아이의 자존감이 높아진다. 대화를 한다는 것은 아이를 부모의 소유물이 아닌 '인격체'로 존중한다는 의미이다. 또 아이의 말을 인정해 준다는 뜻이다. 그래서 아이는 자신의 생각이 받아들여지는 속에서 존중받는 느낌을 갖게 된다. 자존감이 높으면 자신의 능력에 대해서도 신뢰하고 긍정적으로 도전하게 되기 때문이다. 또한 부모와의 대화를 통해 생각을 공유하고 토론하므로 자기 생각

외의 것을 받아들이는 개방성과 수용력이 생긴다. 그리고 부모가 인정하는 자신의 생각에서 힘을 얻게 된다. 따라서 자녀의 토론 능력이나 문제 해결 능력을 키우는 데 많은 도움이 된다.

다가오는 미래 사회는 개인과 집단이 인공지능의 기술과 깊은 관계를 맺게 되면서 인간이 타인과 공감할 수 있는 사회적 능력과 창의성이 더욱 중요해지고 있다. 이런 역량의 바탕을 쌓는 것이 학교교육 이전에 가정에서의 부모와의 대화이다. 가정의 아이들이 만나는 제1의 학교이기 때문이다. 부모의 역할에 대한 중요성은 같지만 유대인들은 그 중에서도 부모가 자녀와의 대화를 매우 중요하게 생각한다. 그들도 우리와 같이 '밥상머리 교육'이 있다. 그러나 교육의 방법이 달랐다. 우리의 밥상머리 교육은 윗사람에 대한 예의를 가르치고 바르게 식사하고, 필요 없는 이야기를 하지 않는 것을 미덕으로 가르쳐왔다. 거의 지시와 훈계이다. 반면 유대인들은 지시와 훈계가 아닌 '생각하며 말하는 대화법'을 통해 모든 교육을 한다.

식탁에서 읽은 책에 대해 이야기하고, 일상의 일에 대해 서로의 생각을 깊이 있게 주고받는다. 자녀들이 부모와 수평적인 관계에서 자유롭게 이야기하고 그 개방적인 분위기에서 자신의 생각을 펼치고 주장하면서 사고력을 키워갔다고 할 수 있다. 이런 점이 유대인들의 부모가 자녀를 대하는 방법에서 우리와 다른 점이 아닐까?

그러면 어떻게 하루 10분 대화를 할까? 일부러 10분의 시간을 내라는 것이 아니다. 그러나 의도하라. 오후나 저녁 식사 시간, 혹은 식사 후 가족들이 둘러앉는 시간에 일상의 일이나 TV의 주요 주제에 대해 이야기할 때의 자세와 방법을 바꾸어 시도해보자. 아이의 감정과 생각을 인정하고 존중하는 태도에서 사소한 대화는 힘을 얻게 된다.

오래 전 작은 아이가 태권도 학원을 다니다가 그만두고 싶다고 한 적이 있다. 나는 "네가 다니고 싶다고 했잖아?", "다른 것도 어렵지, 좀 더 배워서 잘하게 되면 재미있을 거야." 이렇게 말했다. 이런 말을 듣고 아이는 어떻게 생각했을까? 이것은 대화가 아니다. 일방적인 충고이고 아이의 생각을 듣는 것도 아니다. 다음부터 아마 아이는 고민이나 어떤 일이 있어도 말을 잘 꺼내지 않을 것이다. 시간이 지났어도 나는 또 설득을 했다. 아들에게 더 다녀보고 결정하자고.

아이들이 어렸던 시절에 나는 아이의 생각을 존중하거나 인정하진 않았던 것 같다. 모든 것이 어리고 미숙한 '어린이'라고 생각했다. 이런 경우 "가기 싫은 생각이 언제부터 들었니?", "어떤 일이 힘들게 했니?", "마음이 힘들었겠구나."라는 말로 아이의 감정을 존중하고 인정하면 대화가

아이의 감정을 존중하고 인정하면 대화가 달라진다.
그리고 결과와 앞으로 어떻게 할 것인지 생각을 서로 나누면
해결책이나 더 나은 방법이 생길 것이다.

달라진다. 그리고 결과와 앞으로 어떻게 할 것인지 생각을 서로 나누면 해결책이나 더 나은 방법이 생길 것이다.

수십 마디의 말보다도 한 번의 신체 접촉이 더 큰 소통이다

책을 읽고 이야기 할 때도 마찬가지이다. 어느 학교에서 가족 독서토론을 진행한 적이 있다. 우화 한 편을 읽고 가족끼리 앉아 토론을 하며 '이 이야기에서 메시지가 무엇인가?'에 대해 말하는데, 아이가 이야기하자, 어머니가 "애, 그게 아니지. 이건 미래를 미리미리 준비하라는 거잖아."라고 말하는 게 아닌가! 이런 분위기에서 아이가 어떻게 자기의 생각을 마음껏 표현하겠는가? 자녀와의 대화에서 필요한 것은 존중하는 태도이다. 잠깐이라도 입장을 바꾸어보자. 이 말을 들으면 '나라면 어떤 기분일까?'를. 어른과 아이의 나이 차이가 생각 수준의 차이라고 여기면 안된다. 아이의 생각은 무궁무진하게 창의적이고 많은 가능성을 가지고 있다. '황금알을 낳는 거위'인 것이다.

잊지 말자. 대화는 지시와 훈계나 부탁이 아니라는 것을. 이것만 기억하고 아이와 대화를 해도 많은 변화가 생길 것이다. 아이가 편안한 마음으로 하고 싶은 말을 마음껏 하는 분위기를 만드는 것이 중요하다. 어떤 이야기든 평가하거나 말을 자르지 않고 진심으로 듣고 반응하는 것이 중요하다. "너는 어떻게 생각해?" "왜 그렇게 생각했어?" "그럼 나중에 어떻게 될까?", "그럴 수도 있구나.", "그렇게 생각할 수도 있네." 바빠서 대화를 못하는 것이 아니다. 10분이라는 시간은 길지 않다. 그러나 매일 대화한다는 것은 아이에게 엄청난 생각의 힘을 갖게 하는 마중물이 된다. 아이가 학교나 학원에서 돌아오면 간식을 먹으며 10분, 아니면 저녁 식사시간, 혹은 식사 후 10분. 그 10분의 효용 가치는 아이에 대한 존중과 허용적인 생각으로 지시와 훈계를 뺀 대화를 시작하는 것이다.

정부에서 맞벌이 가정의 자녀 돌봄을 위한 서비스로 학교에서는 수업이 마치면 방과후학교와 돌봄교실을 운영한다. 그 시간이 지나도 부모가 집에 퇴근하는 처지가 못되면 저녁 7~8시까지도 돌봐주도록 하겠다는 정책을 발표했다. 그러면 아이는 아침에 집을 나오면 학교와 학원 혹은 돌봄교실과 더 늦은 시간까지의 보육센터에서 보내고 저녁 또는 밤에 집에 오게 된다.

시골 학교에서 근무할 때, 저학년 아이들이 수업과 방과 후 학교를 마치고 나서 학원으로 또 지역돌봄센터에서 저녁까지 먹고 8시 30분경에 집으로 귀가한다. 이미 저녁식사도 마쳤고 아이들은 집에 가서 TV를 보거나 씻고 바로 잠이 든다. 부모는 아이들이 잠들고 나면 집에 오고. 새벽에 일찍 나가기도 하고, 아니면 부모는 자고 아침을 제대로 먹지도 못하고 오는 아이도 제법 있었다. 부모와 언제 만나서 눈을 마주치며 대화가 이루어질까?

위스콘신대학 해리 할로우의 '헝겊엄마 철사엄마' 실험에서 새끼 원숭이는 먹이는 주지 않지만 헝겊엄마를 선택했다. 그것은 따뜻함과 접촉이 주는 안정감 때문이다. 아이에게 안정감을 주는 것은 접촉이다. 눈을 마주보고 안아주고 사랑하고 지지하고 있음을 느끼게 해주어야 한다. 나는 학교에 근무하여 내 자녀들을 오후에 잘 볼 수 없어도 자녀들의 수업이 끝나면 꼭 나의 빈 교실에 와서 나를 만나고 눈을 마주치고 몇 마디라도 하고 그 다음에 학원이든 방과 후 학교든 집으로 가게 했다. 꼭 안지 않아도 잘 다녀왔느냐고 어떤 일이 있었느냐고 대화하고 어깨를 쓰다듬어 주거나 하는 방법이 정서적으로 안정을 가져온다.

우리에게 주어진 접촉의 시간은 늘 있다. 식사시간과 저녁의 휴식시간 가족이 함께 하는 시간. 거기에 의도성을 가지고 시도하라. 존중과 인정의 자세로 10분 대화를. 처음에는 어려울 것이다. 우리가 잘 하지 않았던 자녀에 대한 태도이다. 그러나 부모보다 더 창의적인 생각을 가진 거인이다. 우리의 아이는.

저녁 식사 또는 식사 후 10분 동안 부모부터 하루의 일과와 기분을 말해 봅시다.

"오늘 오후에 ～해서 정말 힘들었어. 큰일날 뻔 했지만, 해결해서 다행이었지."

그리고 자녀에게 질문해봅시다. "넌, 어땠어?"라고 하지 말고 "넌, 오늘 중 언제가 제일 좋거나 힘들었어?" 하고 구체적으로 질문해봅시다. 어떤 말을 하더라도 자신이 충고와 훈계와 지시와 판단을 하지 않고 대화하고 있는지 생각하며 대화하면 조금씩 대화 시간이 길어집니다.

04 하브루타는 아이의 인성을 만들어간다

인간의 지력으로만 교육시키고 도덕으로 교육시키지 않는다면
사회에 대하여 위험을 기르는 것이 된다.
– 프랭클린 루즈벨트(미국의 4선 대통령)

인성이란 타인에 대한 이해와 배려다

우리는 사회적 동물이며 고도의 커뮤니티 사회에서 살고 있다. 따라서 타인과의 관계 형성과 유지가 매우 중요하고 이를 위해서는 소통의 능력이 필요하다. 데세코DeSeCo-Defining and Selecting Key Competencies 프로젝트 연구에서는 미래 사회 인재에게 필요한 역량으로 도구의 상호적 사용, 이질적인 집단 내에서의 상호작용, 자율적 행동 능력이 필요하다고 했다. 이 모든 역량의 기본은 의사소통이며 듣기, 말하기, 읽기, 쓰기의 능력을 통해 자신의 생각과 느낌을 전하는 일이다. 원만한 대인관계의 소통을 위해서는 다른 사람의 생각을 알고 존중하며 이해하는 일은 매우 중요하다. 요즘 심각한 사회 문제가 되고 있는 친구 또는 직장 동료 간의

따돌림과 폭력의 근원도 자신의 입장에서만 생각하는 것, 타인에 대한 이해와 배려의 부재에서부터 시작된다고 할 것이다. 인성교육은 꾸준한 습관으로 형성되는 것이다. 하브루타 토론을 오랫동안 해오면서 생각의 힘을 만들면서 인성적인 요소는 저절로 습득되는 것을 알게 되었다. 모파상의 단편소설 「노끈 한 오라기」는 한 이야기 속에 양립되는 관점의 가치를 포함하고 있어 토론에 효과적인 텍스트이다. 텍스트의 내용은 다음과 같다.

무엇이든지 도움이 될 법한 물건은 하찮은 것이라도 줍는 습관을 가진 오슈코른 영감이 어느 날 장에 가던 길이었다. 땅에 떨어진 노끈 한 오라기를 발견하고 줍다가 맞은편에 있던 예전에 자신과 말다툼이 있던 말랑댕과 눈이 마주쳤다. 그런데 시장에 가서 누군가가 돈이 든 지갑을 잃어버려서 찾는다는 소식을 듣게 되고 자신이 지갑을 줍는 것을 보았다는 제보에 의해 경찰에게 잡혀가서 취조를 받게 된다. 몸에 지갑이 없는데도 의심을 받고 지갑을 찾게 되었는데도 사람들은 오슈코른이 범인이라고 생각한다. 왜냐하면 처음에 지갑을 주운 것 같다는 제보로 경찰에 갔기 때문에 계속 그 사실을 믿기 때문이다. 영감이 아무리 해명을 해도 단 한 사람도 안 믿어주지 않는다. 영감은 억울함을 견디지 못해 계속 사람들에게 해명을 하다가 병이 들어 시름시름 앓다가 죽는다.

이 이야기와 관련하여 '증거가 나오지 않았는데도 왜 사람들은 오슈코른을 믿지 않았을까?', '오슈코른은 왜 끝까지 자기 결백을 주장했을까?'와 같은 질문을 만들게 되고 일대일로 만나 토론을 하게 되면 사건은 한 가지인데 다양한 의견이 있음을 알게 된다. 토론하는 한 아이는 "노인이 평소에 이웃과 관계를 잘 맺지 못하고 구두쇠처럼 지낸 탓으로 생긴 일이니 평소에 자신이 신뢰 받도록 살아야 한다."라고 말한다. 다른 아이는 "증거가 없는데도 노인의 결백을 믿지 않는 마을사람들 탓이라고 생각하며 남의 일에 함부로 의심하고 말하는 것은 나쁘다."라고 생각을 말한다. 진지하게 토론하다 보면 '인터넷의 무책임한 댓글', '신뢰받는 사회를 위해 무엇을 해야 하는가?' 등 현실적인 문제를 다루게 된다. 하브루타는 이렇게 다양한 의견을 계속 나누게 하는 힘이 있다. 이러한 과정을 날마다 거치는 동안 다양한 견해에 대해 개방적이고 유연한 사고를 하게 된다. 인성이란 타인에 대한 이해와 배려이다. 이렇게 타인에 대한 이해는 끊임없는 토론을 통해 소통하고 상호작용하며 생각을 나누고 단련되어야 한다.

토론 과정 중 질문하고 대답하는 행동은 태도나 예절과도 관계가 있다. 언어학자인 제임스 L. 피델로츠는 언어를 배우는 과정 속에서는 언어의 사용 규칙도 같이 배우게 되며 누군가 질문하면 대답을 구하는 일에 협조해야 하는 규칙을 지켜야 한다고 말했다. 따라서 대답은 상대의 질문에 대한 의무적인 예의이다. 상대가 질문을 하면 내용을 이해하기 위해 매우 집중하여 경청하게 된다. 그래야 대답을 할 수 있기 때문이다. 대답이 아닌 다른 질문으로 되묻는다고 해도 의미를 잘 파악해야 하므로 상대에게 예의를 다해 듣게 된다. 또한 일대일로 만나 토론을 하므로 상대에게 몰입하여 집중하게 된다. 하브루타로 짝과 일대일 관계에서 토론하면 한 가지 문제에 대해 깊이 있는 대화를 하게 된다.

저자가 학생들과 토론수업을 해보면 우리 문화는 토론에 익숙하지 않아 두 사람이 질문과 대답을 하는 것에 대해 어려워하는 경우를 많이 보았다. 그래서 4명을 한 모둠으로 구성하여 한 사람씩 돌아가며 질문하고 대답하는 과정으로 토론을 한다. 이렇게 하면 다른 친구들이 어떻게 질문하고 대답하는지 보고 배우는 것이다. 이때 공평한 발언권을 갖기 위해 질문과 대답 한 가지만 할 수 있다는 규칙을 적용한다. 이런 규칙을 적용하면, 자신이 질문한 것에는 대답할 수 없으므로 학생들은 자신이 하고 싶은 말을 못해 안타까워하고 때로는 질문과 대답의 차례를 바꾸려고 떼를 쓰기도 한다. 말하고 싶은 것을 참으려니 답답하다는 소감을 말하는 학생들이 많았다. 이 규칙을 통해 학생들은 자신이 하고 싶은 대로 다 말하는 것이 토론은 아니라는 것을 배운다. 10여 년이 되어가는 교사 독서토론 모임에서 간혹 새로운 회원이 가입해서 토론할 때 보면 성인인데도, 다른 사람이 자신의 생각을 말하고 있는데 자신의 의견은 다르다고 중간에 끼어들어 자기 말만 하기도 하고, 그 다음 회원이 이야기할 차례인데 자신이 그 사람과 계속 탁구공 주고 받는 것처럼 자기 주장을 펼치는 경우도 있었다. 토론의 과정에는 경청과 절제가 있다. 그것이 곧 배려이다. 이 배려의 바탕은 다른 사람을 자기와 같은 소중하고 귀한 존재로 존중하고 인정하는 태도이다. 일대일로 토론하는 경우도 마찬가지이다. 상대의 말을 끝까지 들어야 그에 대하여 또 다른 질문을 끄집어낼 수가 있다. 따라서 고도의 집중과 경청을 하지 않을 수 없게 되고 그것이 몸에 배어 습관이 된다.

인성교육이란 사소한 부모의 언행, 대화에서 형성된다

하브루타에는 '논쟁'만 있는 것이 아니다. 짝을 이루거나 혹은 그룹을 이루어 토론하면서 궁금한 것의 질문 외에도 경험 나누기, 재미있는 내용과 각자가 중요하다고 생각하는 내용에 대해 토론한다. 이때 주제와 관련하여 자기도 비슷한 경험을 드러내어 나눌 때 마음이 치유되기도 하고 새로운 힘을 얻기도 한다. 책에서 또는 함께 토론하는 구성원들로부터 위로를 받으며 힐링의 토론이 되기도 한다. 또한 재미있는 부분과 중요한 부분의 내용을 나눌 때에는 공감과 다양함도 느끼게 된다. 아이들은 자기와 같은 질문을 만든 친구를 만났을 때 무척 반갑고 신기한 느낌을 갖는다고 소감을 말한다. 또 자기가 생각하지 못한 질문을 만든 친구를 만났을 때에는 그 새로움에 놀라움과 대단함을 느끼게 된다고 했다.

하브루타 토론은 지성과 감성이 함께 어우러져 탄탄한 자기만의 생각을 키워가면서 여러 사람과의 상호작용을 원만하게 맺고 살아갈 수 있는 역량을 갖추게 하여 기초적인 사회적응력을 기르게 해 준다.

　내 아이가 어렸을 때, "○○아! 이것 좀 잡아줄래?" 하고 말하면 "잠깐만요!" 언제나 아이의 첫 대답은 "잠깐만요!"이다. 아마 다른 가정도 다르지 않은 모습일 것이라고 생각한다. 왜냐하면 교실에서도 아이를 부르면, 그렇게 대답하는 경우가 많기 때문이다. 그래서 나는 아이들을 키울 때, 중단하면 안 되는 일을 하는 경우가 아니면 일단 대답하고 와서 함께 돕거나 일을 해결하고 가도록 이야기하고 교육했다. 정말 급한 일이어서 잠깐 기다리라는 것이 아니라 이미 습관화된 행동이기 때문이다. 부모도 마찬가지다. 아이들이 이야기하면 가정에서 일이 많고 바쁘니 눈을 맞추지도 않고 반찬 만들거나 설거지 하거나 청소하면서 아이들의 이야기를 듣는다. 의사소통은 70%가 비언어적 요소인 표정과 행동으로 전달된다. 아이들의 감정이 어떤지 눈을 마주보고 이야기를 들어야 한다. 그래야 이 모습을 아이가 보고 배운다. 인성교육이란 멀리 있는 것이 아니다. 사소한 부모의 언행, 자녀와 함께 나누는 대화에서 형성된다.

자녀나 가족과 이야기 할 때의 각자의 모습이나 태도를 되돌아 생각해 봅시다. 눈을 마주보며 대화했는지를. 만약 그런 경우가 드물었다면 당장 시작해봅시다. 자녀가 들어오거나 부모가 늦게 집으로 들어온 경우에 서로 만난 그 순간 '의도성'을 가지고 자녀와 눈을 마주치며 "오늘 하루 잘 지냈니? 어떤 일이 재미있었어?" 하고 진지하고 따뜻한 대화를 하고 경청해주면 잠깐의 그 습관으로 서서히 많은 것이 변화합니다.

05 공부를 잘하는 아이가 아닌
남과 다른 아이로 키워라

우리는 다른 사람과 같아지기 위해 삶의 2/3을 빼앗기고 있다.
- 아르투르 쇼펜하우어(독일의 철학자)

못하는 것보다 잘하는 것에 집중하라

학부모와 상담을 하게 되는 경우 "해진이가 아픈 친구 대신 알림장도 적어주고 참 착해요."라고 하면 학부모는 "우리 아인 공부 빼곤 다 잘해요."라고 한다. 어떤 칭찬을 해도 공부에 만족하지 않을 땐 '공부 빼고 다른 건 잘한다.'고 말하며 아이의 가치를 절하한다. 인성교육이 중요하다고 하면서도 아이에게 가장 바라는 것은 공부를 잘하는 것이고 모든 기준이 학력이다. 시대가 바뀌어가고 창의력이 더 중요하다고 해도 자녀가 명문대와 좋은 직장에 다니는 것이 부모의 바람이다. 우리나라의 부모들은 다른 나라에 비해 유난히 남과 같은 일반적인 삶을 살기를 바라는 경향이 있다. 남과 다른 일을 하면 허용이 안 된다. 왜 그렇게 남과 다른 길을 가려고 하면 반대를 할까? 자녀에 대한 걱정과 노파심은 부모로서 당연한 것이다. 그러나 그것은 부모의 역할일 뿐이고 부모의 기대대로 이끌어가는 것은 올바른 자녀 사랑이 아니다. 늘 지지해주되 자녀의 계획과 삶을 존중하고 인정해주는 태도가 필요하다.

숲 속 동물들을 빗대어 우리나라 교육을 풍자한 이야기가 있다. 토끼, 거북이, 원숭이가 숲 속 왕을 뽑는 철인 3종 경기에 나가게 되었다. 수영과 달리기와 나무타기의 세 종목에서 좋은 성적을 거두어야 한다. 과연 누가 승리했을까? 토끼는 달리기를 잘하지만 수영과 나무 타기는 경쟁력이 없다. 거북이도 수영에는 자신 있지만 다른 종목은 잘해낼 수가 없다. 원숭이는 달리기와 나무 타기는 잘하지만 수영은 잘할 수 없다. 세 동물은 자기가 못하는 종목에 집중하여 노력을 해야 승리한다. 이것이 우리나라의 교육이라고 빗대어 한동안 회자되곤 했다. 왜 모두 같은 능력을 갖추어야만 하는가?

아이가 10가지 중에 9가지에 대한 능력이 우수하고 한 가지의 능력이 부족하면 부모는 그 한 가지 부족한 능력에 대해 안타까워한다. "조금만 더 잘하지."라고 말한다. 그리고 그 한 가지를 잘하도록 사교육을 통해 가르친다. 그러나 이 세계를 이끄는 사람들은 9가지를 못해도 잘하는 한 가지로 인하여 성공한다. 유대인들이 자주 그 예로 드는 것이 아인슈

타인이다. 그는 어릴 때 말을 잘하지 못했고 학교에서도 인정을 받지 못했다. 판에 박힌 학습과 교육방식에 적응할 수 없었던 것이다. 대학도 재수를 하여 물리학과에 입학했으나 고전 물리학을 넘어 다른 물리학자들의 저서를 탐독하고 혼자 공부했다. 자신이 관심을 가지는 영역에 대해 끊임없이 연구하여 세계의 인식을 바꾸는 특수 상대성이론 논문을 발표하는 등 세계적인 물리학자가 되었다. 유대인 부모는 자기 아이가 다른 아이와 무엇이 다른지 발견하려고 노력한다. 우리는 아이가 남과 다르면 걱정을 한다. "우리 아이만 왜 그럴까요?" 하고. 아이에게 없는 것을 찾지 말고 있는 것을 보는 눈을 키워야 한다.

심리학자 하워드 가드너는 인간에게 있는 언어, 음악, 무용이나 운동, 자신의 내면 정서와 개인적 가치를 중시하는 자아성찰과 같이 다양한 일곱 가지 지능이 있다고 제시했다. 우리 사회는 언어와 수학적 능력을 주로 '지능'이라는 말을 사용하고 음악이나 운동에 대한 소질에 대해서는 '지능'이라고 생각하지 않으며 가치를 낮게 보는 경향이 있다. 즉 학력 우월주의적 사고를 갖고 있다. 그러나 가드너는 언어와 수학 외의 다양한 영역의 탁월성에 대해 '지능'이라고 사용하며 가치를 인정하여야 한다고 했다. 앞으로의 미래 사회는 운동, 음악과 미술과 같은 예술 지능과 자아성찰지능을 통해 자신만의 성공적이고 행복한 삶을 살아가는 사람들이 많아진다. 미래는 소통과 감성의 시대로 일컬어진다. 감성을 깨우는 것은 지식이나 언어가 아니라 예술과 이미지이다. 특히 의사소통 역량을 키우기 위해서는 자신과 상대의 정서를 읽는 지능이 높아야할 것이다. 이러한 정서적 지능에 대해 일부 심리학자들은 감성지수라 부르며 중요성을 이야기한다. 대니얼 골먼은 세계 15대 글로벌 기업을 대상으로 평범한 리더와 탁월한 리더의 차이점을 연구했는데 그 차이는 지능이 아닌 감성이라고 했다.

지금 내가 맡고 있는 반에는 다양한 아이들이 있다. 그 중에는 문장 받아쓰기와 수학 덧셈과 뺄셈을 어려워하는 아이가 있다. 오래 전의 시각이라면 이 아이를 날마다 남도록 하고 개인적으로 지도해서 어느 정도 실력을 갖추게 하려고 애썼을 것이다. 못하는 것 자체로 이미 아이는 힘들어한다. 그러나 이 아이는 학원에서 배운 적도 없는데 그림을 잘 그린다. 그래서 섬세하고 꼼꼼한 표현과 채색에 대해 칭찬하고 아이들에게도 보여준다. 이 아이는 쉬는 시간만 되면 영화나 만화 캐릭터를 한 번 보고는 똑같이 그린다. 미술지능이 뛰어난 것이다. 이 아이는 자기가 잘하는 것에 더 집중할 수 있도록 해주면 된다. 미술 공부에 집중하다 보면 좋은 그림에 대해 알고 싶어지고 그러다보면 글을 더 알아야겠다는 동기를 갖게 될 수도 있다. 내 아이에게 없는 것을 구하지 말고 내 아이에게 있는 것을 찾아보자.

"너만 왜 그러니?" VS. "새롭게 생각하네."

자녀가 어떤 대회에 나가게 되면 우리는 한결같이 "잘하고 오너라."라고 한다. 대회마다 자기 아이가 늘 상을 받을 수 없는 것은 기정사실이다. 그러나 다른 나라의 문화는 좀 다르다. 대회에 나가는 아이에게 이렇게 말한다.

"실력을 맘껏 뽐내고, 즐기고 와."

대회가 아니어도 마찬가지다. 그냥 놀이를 해도 아이들은 이겨야 즐겁고, 보는 부모도 자기 아이가 잘하기만을 바란다. 어느 순간부터 '학교의 우등생이 사회의 열등생.'이라는 말이 생겼을까? 학교에서 인정받는 공부 잘하는 우등생들이 왜 사회에서는 인정을 못 받을까? 학교의 울타리 안에서는 인정받는 기준이 성적이다. 친구 관계가 원만하지 않아도 성적이 좋으면 부모와 교사 친구들이 인정해주었다. 성적 하나로 모든 것을 인정받는다. 그러나 사회에서는 성적이 아니라 실적이고, 창의적인 아이디어다. 상황마다 필요한 것도 다르다. 외운 지식은 그다지 쓸모가 없다. 학교에서처럼 한 가지 잘한다고 우러러 보지도 않는다. 사회의 상황은 틀에 짜인 것이 아니라 시시각각 변하고 필요한 것은 거기에 대처해나가는 적응력이다.

제4차 산업혁명이 이끄는 미래사회는 사물인터넷으로 사방에서 클릭, 터치 한 번으로 원하는 정보 이상의 정보가 쏟아져 나온다. 암기의 시대가 아니다. 직업은 변화무쌍하게 변하고 있다. 평생 직장의 개념도 사라지고 있다. 불확실한 상황에서 살아가려면 자신이 뭘 원하는지 뭘 필요로 하는지 알아야 한다. 그리고 자신이 좋아하고 잘하는 것이 무엇인지 알고 그것을 즐기고 기량을 키워가는 것이 필요하다. '남과 같아서는 남보다 뛰어날 수 없다.'라는 말은 남보다 많은 시간과 연습의 양으로 경쟁에서 이기라는 뜻이 아니다. 남과는 차별화된 '나만의' 특기, 취미, 기호가 있어야 뛰어나게 된다는 의미이다.

예전에는 그림을 잘 그리거나 그리는 것을 좋아하면 꿈꾸는 것이 일반적으로 화가였다. 그러나 그림을 잘 그리는 능력은 가구, 의상 디자이너, 연극이나 뮤지컬 무대 설치, 웹툰, 게임 디자인 등 무궁무진한 일들과 연결된다. 예전에는 수학과 과학을 잘하면 의학계 또는 물리학이나 설계쪽의 일을 하게 된다고 추측했다. 그러나 예술, 건축, 그림도 수학에서 출발한다. 〈모나리자〉 그림으로 유명한 레오나르도 다 빈치도 예술가이기 이전에 발명자, 과학자, 수학자, 의학의 선구자로 불리웠다. 사실 '공부'란 삶이 계속되는 동안 하는 것이고 행복하게 살고 성장하기 위한 '배움'이어야 한다. 그러나 우리는 지식적인 것을 공부라고 한계를 지어왔다. 그런 공부에서 벗어나 '남과 다른' 내 아이만의 특성을 찾고 남과 다른 행동을 했을 때 지금까지 "너만 왜 그러니?"라고 했다면 이제부터는 "새롭게 생각하네." "그렇게도 할 수 있는 걸 몰랐네." 하고 새로움에 격려를 해주는 부모가 되자.

하루에 하나, 실천 하브루타

A4 종이를 준비하여 가족끼리 서로의 장점을 50가지 적어주게 해봅시다. 아이는 부모를, 부모는 아이의 장점을 씁니다. 생각보다 쉽지 않을 수도 있습니다. 잘 생각이 나지 않기도 합니다. 장점이 없거나 적어서가 아니라 우리가 이런 생각을 일상 속에서 하지 않고 살기 때문입니다. 습관이 들지 않아서 그렇지요. 그래서 지금부터 해보는 겁니다. 장점은 거창한 것이 아닙니다. 평소에 잘 웃는다거나 부모가 부를 때 항상 즉석에서 대답을 하는 점 등 아주 사소한 것도 장점입니다. 처음에는 생각나지 않다가 서서히 하나둘씩 떠오르기 시작합니다. 그리고 다 채운 후 집의 잘 보이는 곳에 붙여놓고 자신의 것을 읽어보면 스스로에게 큰 힘이 됩니다.

06 하브루타로 꿈 너머 꿈을 꾸게 하라

수영 연습을 그만 두고 달리기 연습을 시작한 오리의 물갈퀴는 찢어지고 만다.
네가 제일 잘하는 분야에 집중하라.
— R. 이안 시모어(『멘토』의 저자)

'무엇'이 될 것인가? 가 아니라 '어떻게' 살 것인가?

'나는 나는 자라서 무엇이 될까요?' 하는 초등학교 저학년 노래가 있다.
그에 대한 답은 이렇다. '우리나라 지키는 군인이 될 터이다.', '아픈 사
람 치료하는 의사가 될 터이다.' 그리고 되고 싶은 가상의 군인, 의사, 소
방관 등의 모습을 한 번 그려 교실 뒤에 붙이면 그것으로 꿈 교육은 끝이
다. 아이들이 자신이 원하는 사람이 되기 위해 지금 당장 무엇을 할 수
있을지 고민해본다면 구체적으로 할 수 있는 '무엇'이 없다. 또한 군인,
의사, 소방관은 직업이지 꿈이 아니다. 꿈을 이루는 하나의 수단이다. 그
런데 우리는 직업을 갖는 것을 꿈을 이루는 것으로 알고 있다. 그래서 어
떤 직업이든 얻고 나면 꿈을 이룬 것이다. 더 이상 쫓아갈 무엇이 없다.

사람들은 보통 꿈이란 어린 시절에 꾸는 것이라고 생각한다. '어른들에게 꿈이 무엇이냐고 물으면 대체적으로 피식 웃는다. 언제적 이야기를 하느냐고, 지금 무슨 꿈이 있겠느냐고 말한다. 꿈은 자신이 살아갈 방향을 제시하는 것이다. '무엇'이 아니라 '어떻게'이다. '어떤 사람이 되고 싶은가?'가 삶의 가치와 자신이 살고 싶은 모습을 하는 것이고 평생 고민해야 하는 문제이다. 우리나라 교육에는 '목적'은 있지만 '과정', '어떻게'가 없다. 가치가 결여된 채 결과만 추구한다. 되고 싶은 '무엇'이 되면 그것으로 끝이다. 그래서 폐수를 강에 버리는 비양심적인 기업인이 생기고, 바늘을 갈지 않고 몇 사람에게 사용하는 비양심적인 병원, 철을 고춧가루에 갈아 넣어 파는 비양심적인 상인이 생기는 것이다. '어떤 군인', '어떤 의사', '어떤 음악가'가 되고 싶은지에 대해 생각하도록 해야 한다. 따라서 부모나 교사는 아이들에게 나침반과 같이 살아가는 방향을 고민하도록 안내해야 한다.

연예인 강호동은 어릴 때부터 '천하장사 이만기'처럼 되고 싶은 것이 꿈이었다. 그래서 이만기가 어떻게 운동을 했는지 따라 하고 연구하고 드디어는 이만기처럼 10여 년 동안 천하장사 자리를 지키는 씨름왕이 되었다. 그리고 그는 '이경규'처럼 되고 싶어서 그를 꿈으로 향하여 달렸다고 했다. 그래서 온 국민에게 웃음을 주고 오랫동안 인기를 유지하는 연예인이 되었다. 반기문 전 유엔총장도 고등학생 시절 미국에 가서 케네

디 대통령을 만나면서 외교관으로서의 꿈을 키워갔다. 내 아이에게 "무엇이 되고 싶니?" 보다 "누구처럼 살고 싶은가?"를 물어라. 마음속에 늘 빛나는 히어로가 살아 숨 쉬어야 한다. 닮고 싶은 롤모델을 함께 찾아보자. 그러면 그 롤 모델이 어떻게 자신의 꿈을 이루었는지 살펴보게 되고 그가 쓴 책을 읽거나 그에 대한 정보를 검색하고 따라 하게 된다. 내 나이에 그는 꿈을 위해 어떤 일을 했는지 살펴보고 자신도 계획을 세우게 된다. 이때 필요한 것이 하브루타 질문이다.

"어떻게 살고 싶은가?" 혹은 "누구처럼 살고 싶은가?"
"왜 그렇게 생각했는가?"
"내가 잘하는 것은 무엇인가?"
"내가 좋아하는 것은 무엇인가?"
"좋아하는 것을 할까? 잘하는 것을 할까?"
"지금 할 수 있는 것은 무엇이 있을까?"
"나에게 100억이 있다면 무엇을 할까?"

나는 교사다. 어릴 때부터 하고 싶었던 일이기도 했다. 그러나 무언가 마음 한 구석에 허전한 마음이 있곤 했다. 미술치료와 상담, 종이접기 지도 등 다양한 주제들로 배우는데도 충만한 마음이 들지 않았다. '내가 원하는 것은 무엇일까?' 끊임없이 자신에게 질문했다. 그러면서 꾸준하게

꿈 너머 꿈은 내 자신이 원하는 꿈을 이룬 것을 넘어
자신의 선한 영향력을 다른 사람에게까지 끼치도록 하는 것이다.

공부를 해가는 동안 내가 하고 싶은 일은 나의 성장하는 모습을 보여주며 자신이 원하는 일을 할 수 있다는 것을 아이들이나 부모들이 믿고 꿈을 꾸도록 도와주고 싶다는 것을 알았다. '누군가의 가슴에 피어날 씨앗 하나 심어주는 일.' 그것이 내가 원하는 소명이라는 것을. 그래서 가르치는 일을 통해 사람들과 만나 토론수업과 워크숍을 하면서 자기의 새로운 꿈을 찾도록 돕고 많은 교사와 학부모들에게도 '꿈은 언제나 꾸는 것.'임을 이야기한다. 교사는 나의 직업이고 그 직업을 통해서 나는 다른 사람들이 자신의 꿈을 찾고 스스로 공부의 재미를 느끼도록 안내하는 일을 하고 싶은 것이다.

꿈은 내가 펼치고 싶은 세계이다. 사람은 누구나 자신의 역량으로 다른 사람들에게 선한 영향력을 끼치고 싶은 욕구가 있다. 꿈 너머 꿈은 내 자신이 원하는 꿈을 이룬 것을 넘어 자신의 선한 영향력을 다른 사람에게까지 끼치도록 하는 것이다. 연예인 이경규는 멋진 영화를 만드는 것이 꿈이다. 그러나 몇 편의 영화를 만들어도 인정을 받지 못하고 제작비도 제대로 만회하지 못하여 지인들이 자주 말린다. "연예인만 하지 왜, 안 되는 영화는 계속 하느냐?" 그는 말한다. "연예인은 내 직업이고, 영화는 나의 꿈이다."

『바람의 딸, 걸어서 지구 세 바퀴 반』의 저자 한비야는 위험하고 힘든 곳에서 국제 구호활동을 하고 있다. 사람들이 "왜 그렇게 험하고 위험한 일을 하느냐?"고 물으면 그녀는 "이 일이 내 가슴을 뛰게 한다."고 대답한다. 내 아이의 신명나는 일이 무엇인지 찾아보자.

꿈 그 자체를 삶이자 생활로 만들어라

2012년 모 방송사에서 초등학생 1,000명을 대상으로 장래 희망 설문 조사를 한 결과 1위가 공무원이었다. 1990년대에는 의사, 1980년대에는 대통령이 1위인 것에 비하면 선호하는 기준이 많이 달라졌다는 것을 알 수 있다. 2016년 통계청의 직업선호도조사에 따르면 청소년과 그의 부모가 가장 선호한 직업은 교사였다. 그러나 선호하는 이유가 달랐다. 부모는 안정적인 직장이기 때문이고 2, 3위도 안정과 명예를 이유로 공무원, 의사, 법조인, 교수를 선호했다. 그러나 청소년 자신은 적성과 취미, 흥미에 맞아서 선택했고 재미와 적성, 취미를 고려하여 연예인, 요리사, 디자이너를 선호했다. 자녀의 가치관은 부모와 다르다. "너는 이런 길을 가거라.", "너는 ~가 되어야 해."라고 말하는 것을 사랑이라고 잘못 생각하지 말자는 것이다. 고생하며 자란 부모는 인생의 험난함을 잘 알기에 좀 더 안락한 삶을 자녀에게 걸어가게 하고 싶어 한다. "너 편하게 살라고, 널 위해서야, 널 사랑하니까"라고 부모가 원하는 것을 자녀에게 설득하는 경우가 많다. 자녀의 인생은 자녀의 것이다. '내 아이는 ~해야 하고, ~입학해야 하고'의 목적을 가진 존재가 아니다. 그냥 장미꽃, 들국화 혹은 민들레로 있는 존재이다. 입학에서 졸업까지 100권의 고전을 읽도록 하여 세계 명문학교가 된 시카고대학교의 허친스 총장은 다음과 같이 주문했다. '자신만의 롤 모델을 발견하라. 자신의 인생을 이끌어갈 가치를 찾아라. 자신이 발견한 가치에 꿈을 품어라.' 아이가 원하는 삶을 살 수 있도록 뒤에서 믿음직하게 때론 불안한 마음으로 지켜보고 지지하는 마음이 필요하다. '나'를 넘어선 세계를 향한 더 높은 꿈을 꿀 수 있도록 아이를 지지하자.

아이와 꿈을 이야기하기 전에 부모가 '내 꿈이 뭐지?' 생각해보자. 잊었던 꿈이라면 꺼내보자. 나도 여러 가지 공부를 하면서 어른이 되어 꿈을 꾸기 시작했다. 부모님께 월 1~2회는 꼭 방문하기, 자전거 배우기, 책 출간하기, 독서동아리 후원하기, 리더십 센터 건립하기, 반 아이들 모두에게 칭찬과 인정의 말을 하는 하루 보내기, 매주 책 2권 읽고 소감 쓰기 등 사소한 일상의 것에서 인생의 끝자락에까지 맞닿는 꿈들을 목록으로 만들고 이루어간다. 이런 모습을 아이들이 보고 또 따라간다. 꿈이란 결과나 목적이 아니라 '가는 길'이다. 과정이다. 꿈 그 자체가 삶이고 생활이어야 한다. 그리고 그 꿈들 뒤에는 다른 사람들에게 선한 영향을 주는 자신만의 삶의 의미를 찾게 된다. 이렇게 꿈을 가슴에 안고 사는 순간순간은 늘 희망의 발걸음이다. 아이와 함께 한 해의 남은 동안에 이루고 싶은 꿈 목록을 작성해보자.

"지금 당장 또는 최근에 하고 싶은 것은 무엇이니?"

"언제부터 그런 생각을 하게 되었어?"

아이와 함께 서로 묻고 대화해 봅시다. 온 가족이 각자의 종이를 냉장고 앞이나 문 앞에 붙여놓고 꿈을 50개, 혹은 100개 적어봅시다. 이것도 새로운 도전의 시작입니다. 서로 꿈을 지지해주고 이 일로 일상의 대화가 끊임없이 이어집니다.

07 지금 당장 하브루타를 시작하라

모르는 것을 알게 하는 것이 아니라, 행하게 만드는 것이 교육이다.
– 존 러스킨(영국의 비평가, 사상가)

하브루타는 가족 말고는 해줄 수 없다

지역도서관에서 운영하는 '찾아가는 도서관 프로그램'에 강사로 참여하여 오후에 정기적으로 각 학교를 방문하여 교사와 학부모 대상으로 독서토론 연수를 한다. 학부모들은 책과 다양한 정보를 통해 이미 하브루타 토론을 이해하고 있기도 하고 실제 토론 수업을 함께 하면서 독서와 토론의 중요성을 인정한다. 그러면서 "우리가 이렇게 배우듯 아이들도 가르쳐주는 학원 같은 곳 없나요? 혹시 선생님이 그런 캠프나 강좌를 열면 안 될까요?" 하고 묻는다. 바쁘기도 하고 뭘 어떻게 해야 할지 잘 모르니 대신 누군가가 해달라는 것이다. 누구나 일상이 바쁘다. 맞벌이 가정이라서 바쁘고 가족 중 누가 아파서 병간호를 하기도 하고 아기를 돌보기도 해야 하니 시간이 없다는 것도 사실이다. 그러나 이것이 근본적으로 우리나라 부모의 교육열과 유대인 또는 교육 국가로 일컬어지며 배움을 즐거운 일로 여기는 핀란드의 부모들과 다른 점이다. 우리나라의 부모는 필요한 경제적 지원에 교육열의 가치를 둔다. 좋은 학교와 좋은 학원, 좋은 강의, 좋은 옷, 좋은 환경을 자녀에게 제공해주는 것이 중요하다고 생각한다.

"네가 원하는 것 다 해줄 테니 너는 공부만 해라."
"토론 공부만 집중해라."

그러나 하브루타의 핵심은 가족과의 대화이다. 그 공부를 함께 한다는 것이다. 누가 대신 해줄 수 없는 가족 간에 일대일로 짝을 이루어 진심으로 경청하고 예의를 지켜 자신의 의견을 말하는 습관과 문화이다.

아이를 어른과 똑같이 존중하며 인정하라

『앵무새 죽이기』 책을 보면 스카우트의 아버지는 늘 그의 딸과 진지한 대화를 나눈다. 『고슴도치의 우아함』이라는 책에서도 수위 아줌마 르네 미셸과 12살 소녀 팔로마는 친구가 되어 마음을 나눈다. 다른 나라의 문화에서는 우리와는 달리 나이가 많은 어른과 어린 아이가 진정한 친구 관계로 마음을 나누고 한 가지 문제를 함께 풀어가기도 한다. 이런 모습이 부럽기도 하고 감동스럽다. 그 근본에는 아이의 생각을 전적으로 존중해주는 문화가 있다. '하브루타 하라.'는 것은 나이가 어려도 부모가 직장 동료나 상사 혹은 친구에 대한 존중과 인정의 마음과 똑같이 그들을 대하며 질문과 대답의 토론을 하라는 것이다. 우리나라는 예로부터 어른을 공경하고 어른과 아이의 인간관계는 수직적인 문화이다. 그래서 대등한 입장에서의 대화가 이루어지기 어렵다. 미국의 철학자 랄프 왈도 에머슨은 '교육의 비결은 학생을 존중하는 데 있다.'라고 하며 학생들에 대한 존중을 강조했다. 교사 또는 부모 누구든 간에 아무리 풍부한 지식을 가졌어도 아이의 의견이 무시된 결정은 결과에 상관없이 교육적으로 옳은 것이 아니라는 것이다. 아이의 생각이 어떤 것이든 한 인간으로서 존중하는 태도가 중요하다.

초등학교 1학년을 맡으면 학기 초 아이들은 하루 수십 번 "○○이가 나보고 욕했어요."라고 호소하러 온다. 교사 초년병이었을 때는 일일이 그 아이를 부르고 둘의 잘잘못을 가리느라 힘들었다. 그러나 아이들은 해결을 원하는 것이 아니었다. 단지 자신의 입장과 이야기를 선생님이 알아 달라는 신호였다. 그래서 그 아이의 감정을 인정하고 위로해주고 "나중에 같이 이야기 해보자."라고 하면 금세 기분 좋아져서 놀러 간다. 자기의 마음을 알아주니 모든 앙금이 풀리는 것이다. 하브루타 대화도 마찬가지다. 부모가 충고나 문제를 해결해주려 지시하지 않고 아이의 말을

아이들이 원하는 것은 그 나름대로 이유가 있다.
그럴 때 함께 논쟁을 해서 왜 부모가 원하는 그 곳이 적당한지,
아이의 이유는 타당한지,
왜 그렇게 생각하는지 의견을 나누어야 한다.

공감해주고 인정해주면 아이는 얼마나 신명날 것인가? 부모의 인정과 존중을 받으니 자존감이 저절로 높아지고 자신감이 생길 것이다. 지금까지 해 오던 지시와 확인과 훈계, 판단과 평가를 보류하고 "넌 왜 그렇게 생각해?"라고 끝없이 물어주자.

사소한 것에서부터 선택의 기회를 줘라

가정에서 당장 할 수 있는 하브루타는 생활 속에서 사소한 것에서부터 선택의 기회를 주는 것이다. 부모님들이 아이 원하는 대로 사주고, 허용적으로 하면서, 선택의 기회는 주지 않고, "네가 뭘 알아?" 하면서 말을 막아버리지는 않는가? 가족 여행이나 간단한 외식 장소 또는 요리 종류를 정할 때가 있다. 부모의 여러 가지 사정도 중요하지만 아이들이 원하는 것은 그 나름대로 이유가 있다. 그럴 때 함께 논쟁을 해서 왜 부모가 원하는 곳이 적당한지, 아이의 이유는 타당한지, 왜 그렇게 생각하는지 의견을 나누어야 한다. 쇼핑가서 가정에 필요한 커튼 디자인과 색상, 테이블보, 발매트, 컵 등을 선택할 때 아이의 의견을 존중하라. 그것이 받아들여지면, 자신이 대접받고 존중받은 기분에 성숙한 느낌을 갖고 더 책임감을 갖고 선택하게 된다. 그 선택이 옳을 경우 극찬을 해라. 아이는 좋은 선택을 위한 타당한 근거를 생각하게 된다. "우리 집이 밝으니까 차분한 가구가 어울려.", 혹은 "밝은 색에 유사한 화이트 커튼이 좋겠어."라고 말이다.

습관은 고치는 것이 아니라 쌓아가는 것이다. 태어날 때부터 80세 평생을 성경책과 찬송가책을 들고 성실하게 교회를 다닌 할머니와 3년 동안 신학대학을 다닌 청년 중 누가 성경을 잘 외우겠는가? 꼭 오랜 세월을 한 가지 일을 했다고 해서 다 잘하는 것은 아니다. 그렇게 오랜 세월을 다녀도 책을 덮고 외워보라고 하면 못 외우는 경우가 흔하다. 짧은 동안 공부한 청년은 왜 잘 외울까? 의식적으로 외우려고 노력했기 때문이다. 의도를 가지고 시작해야 한다. 습관도 마찬가지이다. 지금까지 해 오던 행동을 안 하는 것이 아니라 새로운 습관을 하루하루 1회, 2회씩 더해 가는 것이다. 습관은 의식적인 행동을 무의식적인 행동으로 바꾸는 것이다. 의식적으로 하브루타로 대화한다는 생각을 가지고 하다 보면 어느 날 '내가 아이와 끝이 없는 질문과 대답을 하고 있구나.' 하는 사실을 발견하게 된다.

교사 대상의 연수를 받는 과정 중 상대의 이야기 들어주는 실습을 한 적이 있다. 세 사람이 한 팀이 되어 말하는 화자, 듣는 청자, 관찰자로 역할을 맡아 두 사람의 대화를 관찰자가 관찰한 후 피드백을 해주는 활동이었다. 관찰 선생님이 나에게 "선생님은 다른 분에 비해 상대방의 말에 귀 기울이거나 적극적인 경청을 하는 태도가 진지하고 돋보였어요."라고 말해주었다. 사실은 오래 전부터 상담 공부를 할 때 상대의 이야기를 들을 때 경청하는 자세에 눈을 바라보고 고개를 끄덕이며 맞장구를 치는 등 의식적으로 노력했다. 그것이 이제 내 무의식적인 습관으로 형성된 것 같다는 생각이 들었다. 이와 마찬가지로 초기에는 '하브루타로 대화를 하자.'라는 의도성을 가지고 하는 것이 효과적이다. 아이들이 느낄 때까지 의도적으로 다음과 같은 체크를 하면서 아이와 대화하자.

명령과 지시가 아닌 말을 하고 있는가?
아이의 생각을 존중하는 말을 하고 있는가?
아이가 충분히 자신의 생각을 표현하도록 기다려주고 있는가?
짐작하여 미리 아이의 생각을 말하고 있지는 않은가?
긍정적인 반응과 대답을 해주고 있는가?

쇼핑을 가면서 가정에 필요한 것을 선택하여 살 때나 혹은 외식을 위한 메뉴를 정할 때 하브루타를 하면 자연스럽게 대화를 이끌어갈 수 있다. 또는 TV 프로그램을 같이 보면서 내용에 대해 물어보고 이야기를 나누면 쉽게 접근할 수 있다. 아이의 생각과 의견을 존중하는 개방적인 태도로 탁구공을 주고받듯 여유를 가지고 즐겨보면 아이와의 거리가 어느새 가까워져 있을 것이다.

하루 동안의 대화 중 명령, 지시, 판단, 평가가 아닌 대화를 얼마나 했는지 부모가 점검해봅시다.

"그렇구나."

"그럴 수도 있구나."

"그래, 좋은 생각이네."

존중과 지지의 말을 얼마나 했는지 되돌아보아요. 미리 짐작하여 아이의 생각을 말하고 있지는 않은지, 긍정적인 반응과 대답을 해주고 있는지 마음에 두고 대화하면 어느새 자녀와의 대화 시간이 길어지고 있을 거예요.

책을 읽고 토론하고 난 후 말한 내용을 그대로 기록하면 훌륭한 독서감상문이 됩니다. 다음은 토론 후 쉽게 소감을 쓰는 양식입니다. 예시로 『효녀 심청』을 활용했으며 어떤 책에 대해 토론하고 나서 그 내용을 간단하게 쓰면 논리적으로 생각하는 습관이 만들어지고 생각 정리에도 도움이 됩니다.

『효녀 심청』을 읽고 지금까지 토론한 내용을 차례대로 잘 정리하여 적어봅시다.

『효녀 심청』을 읽고 가장 재미있었던 것은 ＿＿＿＿＿＿＿＿

＿＿＿＿＿＿＿＿＿＿＿＿＿＿＿＿＿＿＿＿＿＿＿＿＿＿＿.

그 이유는(왜냐하면) ＿＿＿＿＿＿＿＿＿＿＿＿＿＿＿＿＿＿.

『효녀 심청』을 읽으면서 궁금한 점은 ＿＿＿＿＿＿＿＿＿＿

＿＿＿＿＿＿＿＿＿＿＿＿＿＿＿＿＿＿＿＿＿＿＿＿＿이다.

이 글을 읽으면서 가장 중요하다고 생각했던 것은 ＿＿＿＿＿

＿＿＿＿＿＿＿＿＿＿＿＿＿＿＿＿＿＿＿＿＿＿＿＿＿이다.

책을 쓴 작가는 우리에게 _____
_____하라고 이 글을 쓴 것 같다.

심청이가 죽은 후에 심봉사가 눈을 뜨게 되었다면 심 봉사의 마음은
_____.

왜냐하면 _____이다.

나라면 쌀 삼백 석을 마련하기 위하여 _____
_____것이다.

쌀 삼백 석을 바치면 눈을 뜬다고 말한 스님은 _____
_____하다고 생각한다.

왜냐하면, _____.

또 이 말을 믿은 심 봉사는 _____다고 생각한다.

이 이야기를 읽고 가장 기억하고 싶은 문장은 _____
_____.

그 이유는 _____.

이 이야기에 대해 토론하면서 알게 된 것은 _____
_____.

내 생활에 실천할 수 있는 생각이나 행동은 _____
_____.

하루 10분 하브루타가 아이의 꿈을 만든다!

생각 습관 하브루타를 생활에 함께하게 하라!

전에는 요리나 운동 또는 다이어트 등 어떤 일에 대해 하는 방법을 몰라서 못하는 경우가 많았다. 지금은 지식정보화 시대로 손쉽게 자신에게 필요한 정보를 검색하고 이용할 수 있다. 그래서 '몰라서' 못하는 경우는 잘 없다. 이제는 '앎'의 시대가 아니라 '실천'의 시대다. 공부와 독서, 토론도 마찬가지다. 자신의 것으로 습관화 하느냐 못하느냐가 핵심이다. 그런 점에서 이 책은 읽는 책이 아니라 실천하는 책이라고 말하고 싶다. 우리가 실천이 잘 안 되는 이유는 바쁜 일상 속에서 해야 할 일을 깜박 잊고 안하거나 하기 싫어서 규칙적으로 하지 않기 때문이다.

어떤 행동이나 태도가 습관이 되려면 같은 행동을 규칙적으로 누적해서 쌓아가야 한다. 여기서 가장 중요한 것은 누적성이다. 저자는 수시로 이 책을 펴 보면서 부모가 자녀와 함께 또는 교사가 교실에서 아이들과 함께 토론에 대한 습관을 매일 지속적으로 해 나가도록 안내하였다. 책 속에서 이미 아이와 하고 있는 대화나 토론, 독서의 습관이 있다면 그것을 좀 더 의도적으로 계획성을 가지고 꾸준하게 하면 된다. 책의 각 장에서 한두 가지를 골라 10분씩 하고 기록하면서 습관이 되고 나면 그 습관과 함께 또 새로운 습관을 추가해 가는 것이다. 한 가지를 지속적으로 반복해도 좋고 매일 각 꼭지의 토론에 대한 활동을 바꾸어가며 해도 좋다. 가장 쉽게 할 수 있는 것부터 시도해 보자.

10분은 사소한 시간이다. 운동으로 근육을 만든다고 해서 장시간동안 운동하는 것은 아니다. 짧은 동안 필요한 부위를 집중적으로 단련하도록 반복하는 것이다. 토론의 습관도 매일 짧은 시간동안 집중하여 실천하여 하루하루 쌓아가는 것이다. 습관은 의식적인 행동을 무의식적인 행동이 될 때를 말한다. 습관이 되어 책을 읽거나 생활의 주제로 자녀와 가족이 함께 하브루타 토론을 하게 되면 이 책은 더 이상 곁에 두지 않아도 된다.

하브루타는 토론이자 대화다, 당장 시작하라!

'토론'이라고 하면 초등학교 고학년부터 또 어느 정도 학습력이 우수한 아이들이라야 가능하다고 생각하는 경우가 많다. 토론은 대화로 이루어지는 의사소통의 한 방법이다. 의사소통은 태어나면서부터 시작하는 듣기와 말하기 과정이다. 그래서 어린 아이들도 충분히 생각을 나누고 깊이 있는 토론이 가능하다는 것을 공유하고 싶어서 저자는 저학년의 사례를 위주로 이 책을 구성하였다. 고학년이라도 토론을 처음 시작한다면 저학년과 다를 바가 없다. 운동이나 악기를 처음 배울 때 아이든 청년이든 어른이든 자세를 배우는 것부터 모든 것의 시작은 같다. 어른이라고 해서 기초를 넘어서 고도의 기술적인 것부터 배우는 것이 아니다. 하브루타 토론도 마찬가지이다. 그래서 이 책은 어떤 나이라도 충분히 적용이 가능하다. 이 책을 통해 하브루타 토론을 하는 데에 이해와 실천력을 돕기 위해 수업한 사례들 중에서 전래동화와 속담 등 같은 텍스트를 여러 번 활용하였다. 이 책의 적용을 통해 아이들을 위해 있다고 생각한 우리나라의 전래 동화와 속담 또는 격언에 대해 그 가치를 느끼며 다시 아이와 함께 읽고 토론해보기를 소망한다.

아리스토텔레스의 '모방은 창조의 어머니다.'는 말은 무수한 반복을 통해 창조의 역량을 갖게 된다는 의미를 암시한다. 우리가 책을 읽는 이유도 앞서간 훌륭한 위인들의 삶과 생각 또는 태도를 모방하기 위해서이다. 꾸준한 모방을 통해 자신의 삶에 맞는 자신만의 생각을 만들어 가는 것이다. 저자 또한 토론에 대해 제대로 알기 위해 많은 공부를 하면서 책을 읽고 그 속의 질문을 만들고 토론하는 방법을 배워 따라하고 수업시간에 아이들과 함께 하면서 하브루타 토론을 좀 더 재미있고 창의적으로 해 나가게 되었다. 내가 책을 보고 배워 자신과 아이들, 그리고 함께 배우는 많은 교사와 학부모가 변화해 가듯이 누군가 나와 같이 이 책을 통해 변화의 첫 걸음을 내딛게 될 수도 있다고 생각하며 책을 펴낸다.

모든 아이들의 다양한 꿈을 지지할 수 있는 어른

나이는 생각의 나이를 의미하지 않는다. 나이가 어리다고 생각의 수준이 낮다고 어른의 축소판처럼 여기면 안 된다. 본 책에 나와 있는 동화의 일부분을 통해 아이와 토론해보라. 아이들의 기발한 창의적인 생각에 경이로움을 느끼는 경험을 하게 될 것이다. 유연하고 개방적인 사고를 가진 각자의 독특한 생각을 가진 아이들을 그대로 인정하는 문화가 우리에게 필요하다. 하브루타 토론의 바탕은 수평적인 관계에서의 존중과 인정이다. 춘추좌전 양공 31편에 '사람들의 마음이 다름은 마치 그들의 얼굴이 다른 것과 같다'는 말이 있다. 우리는 이것을 알면서도 '다름'을 '틀림'

으로 여길 때가 자주 있다. 우리의 아이들은 모두 다른 것이 정상이다. 쌍둥이도 얼굴이 같지 않고 이 세상에 같은 얼굴이 없듯 '같은 생각이 더 이상한 것이 아닌가?' '다른 아이와 왜 꿈이 같지?'라고 여긴다면 우리는 좀 더 많은 것들을 긍정적으로 받아들이고 즐겁게 서로 생각을 나눌 수 있지 않을까? 다양한 아이들의 꿈을 적극적으로 지지해줄 수 있지 않을까?